JN192140

シリーズ
知能機械工学 8

シミュレーションと数値計算の基礎

山田 宏尚
大坪 克俊 著

共立出版

「シリーズ 知能機械工学」

「知能機械工学」は，機械・電気電子・情報を統合した新しい学問領域です．知能機械の代表として，ロボット，自動車，飛行機，人工衛星，エレベータ，エアコン，DVD などがあります．これらは，ハードウェア設計の基礎となる機械工学，制御装置を構成する電子回路やコンピュータなどの電気電子工学，知能処理や通信を担う情報工学を統合してはじめて作ることができるものです．欧州では知能機械工学に関連する学科にメカトロニクス学科が多くあります．このメカトロニクスという名称は，1960 年代に始まった機械と電気電子を統合する“機電一体化”の概念が発展して 1980 年代に日本で作られた言葉です．その後，これに情報が統合され知能機械工学が生まれました．近年では，環境と人にやさしいことが知能機械の課題となっています．

本シリーズは，知能機械工学における情報工学，制御工学，シミュレーション工学，ロボット工学などの基礎的な科目を，学生に分かりやすく記述した教科書を目標としています．本シリーズが学生の勉学意欲を高め，知能機械工学の理解と発展に貢献できることを期待しています．

まえがき

シミュレーションは，製品の開発や研究，将来の予測・分析などの幅広い分野で活用されており，特に現代における設計・開発では欠かせないツールとなっている．シミュレーションにおいては，数値計算の手法だけでなく，対象のモデル化や数学的モデルの作成法などが重要となる．モデルの作成の際には扱う対象の基本特性を深く知っておく必要がある．たとえば機械システムのシミュレーションであれば，その対象に応じて材料力学，流体力学，熱力学，機械力学（いわゆる4力学）などの基礎理論に基づき対象のモデルを作成する必要がある．しかし，シミュレーション工学の講義の枠組みの中だけで，さまざまな分野におけるモデル化の詳細にまで言及することは難しい．このため，シミュレーションで対象となるそれぞれの専門分野の中で，数理モデルについて十分に学んでおくことが大切である．

一方，シミュレーションにおいてはコンピュータによる数値計算により解を求めることが一般的である．このため，数値計算の手法を十分に理解することでシミュレーションの実行や評価を適切に実施できるようになる．本書は，大学・高専などの半年間の講義の中で，シミュレーションの概要と数値計算の基礎事項を学べるように構成した．事前の知識として微分積分・行列・微分方程式・力学・プログラミングの基礎を習得していることを前提としている．ただし，数値計算の説明においては数学的厳密さより，限られた講義時間の中で本質を容易に理解してもらえることに重点を置いた．本書で基本を学んだ上で，詳細な証明の導出や応用に関しては，参考文献等によりさらに学んで頂きたい．

また，本書ではC言語，MATLAB，EXCELによるプログラム例を示しながら学べるようにした．掲載したプログラムソースは計算効率や精度よりも初学者にアルゴリズムを理解してもらうことに重点を置いて書かれている．実用的には優れた数値計算ライブラリがフリーソフト（たとえば，GNU Scientific

Library（GSL））などでも見つかるだろう．このような数値計算ライブラリを使えば容易にシミュレーションが行えるが，シミュレーションを正しく使いこなすためには，そのアルゴリズムを十分に理解していることが大切である．本書のプログラムソースは，基本的な数値計算アルゴリズムを理解するのに役に立つものと考える．

なお，本書ではC言語，ExcelやMATLABの詳細な使用法については記述していない．プログラム例を見ればアルゴリズムの概要は理解できると思われるが，不明な点はヘルプファイルやネット上の解説記事などを参照されたい．

本書では，第1章でシミュレーションの基礎について，第2章で誤差の取扱いについて述べる．第3章～第8章では，非線形方程式や連立1次方程式の解法，行列の逆行列・固有値や固有ベクトルの求め方，関数補間と近似，数値積分法，常微分方程式の解法などについて述べる．そして，第9章では基本的な動的システムのシミュレーションについて述べる．

本書に掲載した例題のプログラムは共立出版HPにある本書のサイト

http://www.kyoritsu-pub.co.jp/bookdetail/9784320082267

よりダウンロードできるようにした．これらのプログラムはそれぞれ，Borland C++ Compiler 5.5，Excel 2016，MATLAB R2016aで動作を確認している．

最後に，執筆に当たり多くの文献を参考にさせていただいた．それらの著者の方々に心から感謝申し上げる．また，本書の出版に当たって大変お世話になった共立出版（株）瀬水勝良氏をはじめとする関係各位に深く御礼を申し上げる．

2018年8月

著　者

目　　次

第1章　シミュレーションの基礎

第2章　数値計算と誤差

第3章　非線形方程式の解法

第4章　連立1次方程式

第5章 行列の計算

第6章 関数補間と近似

第7章 数値積分法

第8章 常微分方程式の解法

第9章　動的システムのシミュレーション

1 シミュレーションの基礎

章の要約

シミュレーションは，さまざまな製品の設計開発や研究分野など，広い分野で活用されている．シミュレーションにおいては，シミュレーション技法のみならず，対象のモデル化，数学モデルの作成法や数値解法などを学ぶことが重要となる．本章では，シミュレーションの目的や，シミュレーション技術の歴史，使用法について学ぶとともに，シミュレーションを行う上でのモデル化や解析方法，シミュレーションと数値計算法との関係などについて考える．

1.1 工学とシミュレーション

シミュレーション（simulation）には「真似ること」,「似せること」という意味がある．また,「模擬実験」という意味もあり，適切なモデルを設定してシミュレーションを行うことが，さまざまな分野における問題解決の方法として用いられている．シミュレーションの対象となる分野は，工学分野だけでなく自然科学や社会科学など，きわめて幅広い．また，広い意味では，風洞実験や動物実験のように実物モデルを用いる方法もシミュレーションの一種といえるが，本書では主に工学分野における数学モデルに基づいた計算機シミュレーションを扱う．

計算機が急速に高性能・高機能化，低価格化したことで，かつては高価で大型な計算機でしかできなかった高度なシミュレーションが手軽にできるようになってきており，多くの分野でシミュレーションの導入が進んでいる．工業製品の設計・開発過程にシミュレーションを用いれば，試作製品を実験的に検証する工程をシミュレーションで代替できるため，短時間かつ低コストでの評価・改良が可能になる．

[例題 1.1] 自動車の衝突時安全性を高めるための設計・開発にシミュレーションを用いることのメリットを考えよ．

（解答） 自動車の開発において衝突時の安全性を高めようとする場合，実際に自動車を衝突させる実験をすれば最も正確なデータが得られるが，設計仕様を変えながら多くの衝突実験を繰り返す必要があり，多大なコストがかかる．また，搭乗者が衝突時にどのようなダメージを受けるかを正確に知ることも難しい．そこで，計算機シミュレーションを用いることで，さまざまな条件で実験を手軽に行えるだけでなく，衝突時の車の変形の様子を時間スケールを変えて人間の目でもわかるようにゆっくりと表示することもできる．これにより，安全な自動車の設計・開発を短期間に低コストで行うことができる．

図1.1にシミュレーションが役立つ事例を示す．製造の前段階のため実物が存在しない場合，製品の設計段階でシミュレーションにより性能予測を行い，設計の善し悪しの判断を行うことができる．また，実験するには費用がかかり過ぎる場合や，爆発や事故の状況再現など危険すぎて実験が困難な場合，宇宙規模あるいは量子レベルなど，規模的にそのもの自体の実験ができない場合にもシミュレーションが役に立つ．

- ▶ 製造の前段階のため実物が存在しない場合
- ▶ 実験するには費用がかかる場合
- ▶ 危険すぎて実験が困難な場合
- ▶ 宇宙規模あるいは量子レベルなど，規模的にそのもの自体の実験ができない場合

図1.1 シミュレーションが役立つ事例

- ▶ 実物ではできないことを代わりのもので実行できる
- ▶ 対象物体の形状，条件が容易に変更できる
- ▶ 時間スケールを自由にできる
- ▶ 実験のように外乱の影響がなく結果にバラツキがない
- ▶ システムの内部構造を理解することができる

図 1.2　シミュレーションの特徴

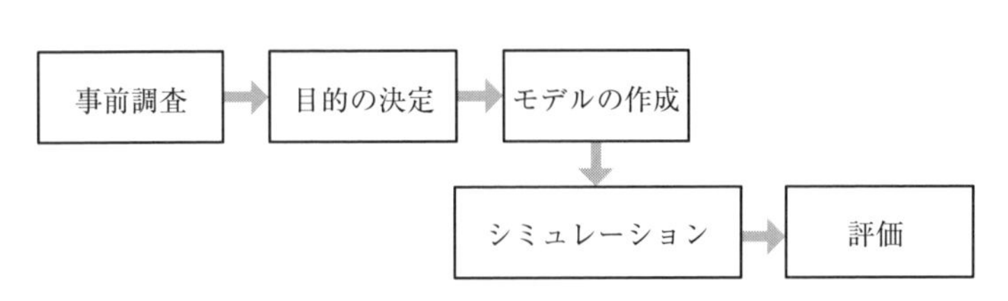

図 1.3　シミュレーションの過程

さらに，シミュレーションは図 1.2 に示すような特徴をもつ．すなわち，実物ではできないことを代わりのもので実行でき，対象物体の形状，条件が容易に変更できる．例題 1.1 でも述べたように時間スケールを自由にできる．実験のように外乱の影響がなく結果にバラツキがないことや，構成要素の値を変化させたときに出力がどのように変化するのかが予測できる．さらに，ある現象やブラックボックスとなっている対象があったとき，その内部を理解するためにシミュレーションが使われることがある．設定したモデルへの入力を与えたとき実際のシステムと同様の出力が得られれば，その内部構造がほぼ理解できたと考えることができる．

製品開発などでシミュレーションを行う過程を図 1.3 に示す．まず事前調査を行いシミュレーションで解決したい問題を明確化する．そして，それに基づいてどの部分のどのような挙動をどの程度の精度で求めたいかといったシミュレーションの目的を決める．次に，シミュレーションで用いるモデルの範囲や構成要素を決め，構成要素間の相互作用を明確化して数学モデルを構築する．シミュレーションでは，シミュレーションプログラムの作成し，初期条件の設定，出力結果の形式とグラフィックスなどでの表現方法などを決めて実行す

る．そして，シミュレーション結果の評価では，あらかじめ決めた評価基準を満たすまで変数やパラメータの値の変更などを必要に応じて行い，シミュレーションを繰り返す．なお，シミュレーション結果が現実と一致しない場合はモデルの見直しを行う場合もある．

[例題1.2]　図1.3のシミュレーションの過程を自動車（またはその部品）の開発を例に考えよ．

（解答）　たとえば自動車（またはその部品）の開発において，まず加速性能，燃費，操縦性など，どのような性能・機能をもたせるかを事前調査し，シミュレーションの目的を決定する．そして数式的に表現したモデルを構築し，計算機によりシミュレーションを行うことで，必要な機能や運動性能を実現できるかなどのデータを得る．このシミュレーションの出力結果に基づき，自動車（部品）の設計を評価し最適化していく．

1.2　シミュレーションの歴史

計算機を用いたシミュレーションに関する年代ごとの歴史を図1.4に年表形式でまとめる．

- ▶ 1940年代　ENIACなどのデジタル式計算機が開発され，シミュレーションに使われる．
- ▶ 1950年代　有限要素法が開発され，ジェット機の振動解析などに使われる．
- ▶ 1960年代　ANSYSなどの有限要素法を用いた汎用構造解析ソフトウェアが開発される．
- ▶ 1970年代　スーパーコンピュータが物理現象などのシミュレーションに使われるようになる．
- ▶ 1980年代　パソコン，ワークステーションが普及し，各種解析ソフトウェアが開発される．
- ▶ 1990年代　並列計算，分散計算，分散処理により計算規模が大型化しCGによる可視化表現が向上した．
- ▶ 2000年代　商用ソフトウェアの低価格・高機能化によりシミュレーションがさらに広く使われるようになった．

図1.4　計算機シミュレーションの歴史

計算機を使ったシミュレーションは1940年代のENIACに遡ることができる．ENIACはペンシルバニア大学でジョン・エッカートとジョン・モークリーが設計・開発した世界初の大型電子計算機である．弾道数表のための計算をすることを主目的としていたが，天気予測，原子力計算，宇宙線研究，風洞設計などのシミュレーションにも使われた．これが電子計算機を用いたシミュレーションの始まりといえる．

1950年代に入ると，商用の大型計算機が作られるようになった．また，**有限要素法**（FEM: Finite Element Method）などの数値解析手法が開発され，ジェット機の翼構造の振動特性を解析するシミュレーションなどに使われるようになった．有限要素法は，解析対象を小さな要素に分割し各要素の特性を数式で表現し，それを組み合わせて全体の特性として表現する連立方程式を解くことで近似解を数値的に得る手法である．

1960年代になると米国ウェスティングハウス社のANSYSなどの有限要素法を用いた汎用構造解析ソフトウェアが開発されるようになった．また，米国の有人月面探査プロジェクトのアポロ計画などにもシミュレーションが使われるようになった．

さらに，1970年代では，科学技術計算を高速に処理できるスーパーコンピュータによるシミュレーションが広く使われるようになった．1980年代には，計算機のダウンサイジングが進み，パソコン，ワークステーションによりシミュレーションが行われるようになった．また，機構や振動，流体を解析するシミュレーションソフトウェアも数多く開発されるようになった．

1990年に入ると並列計算や分散処理により計算規模の大型化・高速化が進むとともに，計算機の3次元描画技術の進歩によりシミュレーション結果をきれいなCG（Computer Graphics）や動画などで表現することが一般的になった．2000年以降では，商用ソフトウェアが比較的低価格かつ高機能になり，今まで難しかった解析が手軽にできるようになり，利用する分野がさらに広がった．また，HILS（13頁参照）などのリアルタイムシミュレーション技術が普及し，製造業におけるコントローラの設計・開発で使われるようになっている．

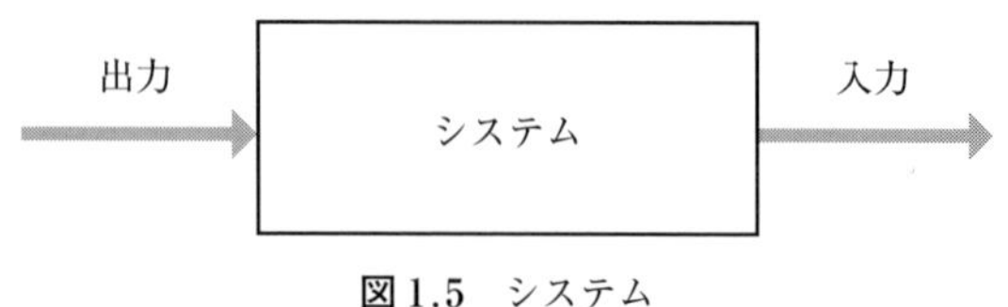

図 1.5　システム

- ▶ モデルとは，対象とするシステムの本質を表すように簡略化したもの．
- ▶ シミュレーションにおけるモデルは，計算機で扱えるよう抽象化して表現したもの．
- ▶ モデルを作成することでシステムの内部を理解することができる．

図 1.6　モデルとは

1.3　システムとモデリング

シミュレーションにおける対象は**システム**（system）として捉えることができる．システムとは「多くの要素が互いに関係し合い組み合わさって，全体としてまとまった機能を示すもの」であり，図 1.5 のように，システムに入力が与えられることで出力が得られる．シミュレーションではシステムに一定の条件を設定し特定の入力が与えられたときの出力を計算機で求めるものと考えることができる．

シミュレーションを行うためには，まずモデリング（モデルの作成）を行うことが重要である．モデルは対象とするシステムの本質を表すように簡略化したものであり，モデルを作成することでシステムを理解することができる（図 1.6）．つまり，シミュレーションにより解析結果が正しく得られたとき，現象を理解しシステムの本質を知ることができたといえる．

また，システムは**動的システム**（dynamic system）と**静的システム**（static system）に分けられる．自然界の現象は一般に動的システムで表現でき，その出力値は，現在の入力値だけでなく，過去の入力値にも依存する．たとえば，自転車を走らせる場合を考えると，現在の自転車の速度は現在のペダルをこぐ力だけでは決まらず，過去にどのような力でペダル操作をしてきたかに依存する．これに対して，静的システムは，ある時刻での出力がその時刻の入力だけに依存するシステムである．静的システムによるモデル化は動的モデルの特性の影響が無視できるほど小さい場合に用いられる． 動的システムは一般に微分方程式（導関数を含む方程式）で記述される．これは，時間により変化する量や，位置により変化する量などが微分により表現され，その特性が微分方程式として記述されるからである．一方，静的モデルは時間的な経過を考慮しないため代数方程式で記述される．

また，モデルを線形で表すか非線形として扱うかという問題もある．一般に線形なシステムであれば解析は容易であるが，ほとんどの工学システムは非線形な要素（たとえば，機械系におけるリンク機構やクーロン摩擦など）を含んでおり，正確なシミュレーションを行うためには非線形要素を含むモデルを構築する必要がある．

モデル作成においては，どのような分野にでも使えるような一般的なモデリング手法があるわけではなく，シミュレーションの対象に応じた専門分野の学習が肝要となる．たとえば機械系の分野では，大学の学部教育等で材料力学，流体力学，熱力学，機械力学といった4力学のそれぞれの分野において理論式を学ぶが，それがそのままシミュレーションのためのモデルの基礎式として使われることが多い．このように，シミュレーションで対象となる専門分野について深く学ぶことが，モデルを作成する（あるいは商用の汎用シミュレーションなどを使いこなす）上で重要となる．

モデルを作成する際には，どのようなモデルを作成するかが問題の対処法や解決法に深い影響を与えるため，モデル化の構成概念をあらかじめ明確に定めておく必要がある．また，どれほどの精度で結果が得られればよいのかによってモデルの立て方も変わってくる．特に，設計開発における初期段階においては，すべての要因を数学モデルに盛り込むのではなく，影響の少ない要因はあえて省き，単純化されたモデルを作成することで全体として適正な設計をすることができる．その後，対象の詳細な構造を考慮したモデルを作成して細部の設計を行っていくことになる．なお，大規模なシステムでは，独立ないくつかのモデルを組み合わせて使うことも多い．いずれにせよ，現実と結び付いているモデルが最良のモデルといえる．

1.4 シミュレーションと数値計算

数学モデルに基づいて計算機でシミュレーションを行うためには**数値計算**（numerical calculation）（数値解析（numerical analysis）ともいう）を用いる必要がある．数値計算の手法を知ることでシミュレーションの実行や評価を深いレベルで行うことができるようになる．

モデリングで作成された数式を代数学や微積分の手法を用いて厳密に解くことを「解析的に解く」という．しかし，多くの数式は解析的に解くことができない．数値計算は方程式などを数値により近似的に解く手法であり，シミュレーションに限らず，微分・積分や行列の計算を計算機で行う場合に必ず必要になる．

数値計算では，連立方程式の解法や行列の計算，関数補間などが基礎として重要となる．また，積分を求めたり，微分方程式を解いたりするためにも用いられる．これらの計算では，繰り返し計算をすることで解を徐々に正しい値に近づけていく方法がとられる．このため，最初は真値からの誤差が大きく，その誤差を徐々に小さくしていくことになる．したがって誤差の取り扱いが重要となる．本書では，第2章で誤差の取り扱いについて述べ，第3～第8章で，非線形方程式や連立1次方程式の解法，行列の計算と連立方程式の解法，関数補間と近似，数値積分法，常微分方程式の解法について述べ，第9章で，基本的な動的システムのシミュレーションについて述べる．なお，微分方程式の解法の1つである有限要素法は，1.2節でも述べたよう計算したい対象の領域を細かな領域に分けて解くもので，構造力学，熱伝導，流体力学などのさまざまな工学問題のシミュレーションで使われている．本書では紙面の関係で有限要素法については扱わないが，有限要素法を学ぶ上で数値計算の基礎を習得しておくことが大切である．

また，確率論を使ってシミュレーションを行う**モンテカルロ法**（Monte Carlo method）と呼ばれる方法がある（「モンテカルロ」という，カジノで有名な街が語源となっている）．モンテカルロ法は当初は物理学における統計力学で考案されたものだが，現在は統計学の分野におけるシミュレーションをはじめとしてさまざまな分野で使われている．乱数を用いて確率過程を含む数値モデルとして定義された問題の解を推定することで，数値積分や複雑な図形の面積を求めることができる．

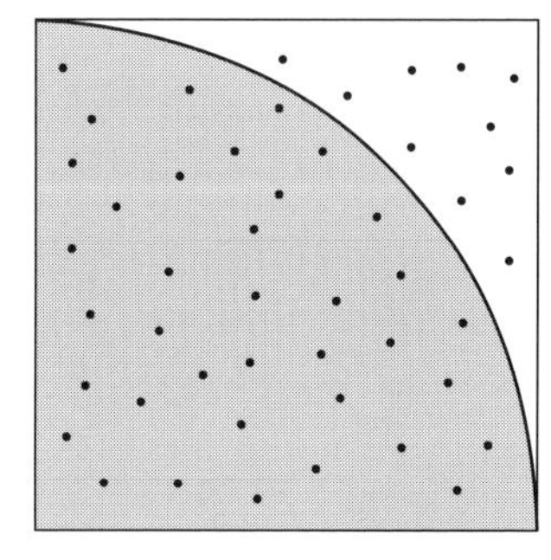

図 1.7　モンテカルロ法で円周率を求める

［例題 1.3］　図 1.7 のように 1 cm×1 cm の正方形に内接する円の 4 分の 1 となる扇形の図形を描き，その上に乱数を使ってランダムに N 個の点を打つ場合を考える．ランダムに打たれた点のうち，原点（図の左下の頂点）から距離が 1 cm 以下となる点の数を X とする．N=47，X=10 であったとき，円周率をモンテカルロ法で求めよ．

（解答）　扇形の面積は $\pi/4$ cm^2 であるので，扇形の内部に点が打たれる確率は $\pi/4$ である．したがって，$\pi/4 = X/N$ となる．よって円周率の近似値は $\pi \fallingdotseq 4 \times X/N$ と計算することができる．N=47，X=10 であるので，$\pi = 4 \times 37 \div 47 \fallingdotseq 3.1489$ と近似値が求められる．試行回数 N を大きくすれば，さらに近似の精度が上がる．

1.5　シミュレーション用ソフトウェア

技術開発の分野で計算機によるシミュレーションを使って開発することを CAE（Computer Aided Engineering）という．このようなシミュレーションを行うためには作成した数学モデルをプログラムに組み込んで解く必要がある．最も基本的で汎用性が高いのは，C 言語や FORTRAN などの高級言語を用いてシミュレーションプログラムを自作する方法である．この場合，数値計算のアルゴリズムをすべて自作するのは大変なので，科学技術計算関数のライブラリ（たとえば GNU Scientific Library（GSL）など）を利用することで，シミュレーションの作成が容易になる．また，マイクロソフト社の Excel やその上で使えるプログラム言語である VBA（Visual Basic for Applications）を使うことで，簡易的なシミュレーションを行うこともできる．ただし，プログラミング言語は必ずしもシミュレーションに最適化されて作られているわけではない．そこで，多くのシミュレーション用のソフトウェアが開発されている．

たとえば，メカトロニクスや制御系の技術開発分野では，米国の MathWorks 社が開発している MATLAB/Simulink などの汎用数値解析アプリケーションがよく使われる．MATLABは，行列処理をベースとした数値計算用プログラム言語であり，設計・解析用の対話型ツールも付随している．また，行列演算，統計，フーリエ解析，フィルタリング，数値積分などの多くの数値計算ライブラリが用意されている．このような数値解析アプリケーションを使えば，C言語などの高級言語を使ってシミュレーションを作成するよりも少ない労力で高度なシミュレーションを構築できる．また，Simulinkは，ブロック線図を描いて動的システムのシミュレーションを行う環境を提供するソフトウェアである．システムの構成要素や機能をブロックで表し，それらを線で繋いでシミュレーションを行いたいシステムをグラフィカルに表示できる(第9章参照)．このため，MATLABのようなプログラムの文法を知らなくても，シミュレーションの処理内容を直感的に理解することができる．

しかし，MATLAB/Simulinkであっても数学モデルに基づきプログラムを作成する必要がある．そこで，シミュレーションの構築をさらに容易にするために，代表的な電気・油圧・空気圧アクチュエータや機構系モデルなどをあらかじめコンポーネントとして用意し，それらを接続してシミュレーションするソフトウェアも販売されている．たとえば，MATLAB/Simulinkと連携して物理要素のシミュレーションができるSimscapeなどの商用シミュレーションソフトウェアが開発されている．また，構造解析や伝熱，流体，応力等のシミュレーションを有限要素法により計算するANSYS，COMSOL Inc.によるCOMSOL Multiphysicsなどの汎用数値解析ソフトウェアも開発されている．

なお，既存のモデルにない新しく設計された製品のシミュレーションを行う場合は，複雑かつ膨大な現象を設計者が実験により解明し，それに基づいて開発技術として使えるモデルを構築する必要がある．そのためには多くの工数や費用がかかることになるが，一度信頼できるモデルを構築できれば，それを再利用することができる．このように高い品質をもった製品を効率的に開発するためにはモデルの整備と利用が重要となる．

1.6 モデルベース開発

自動車や家電製品にはコンピュータが組み込まれて使われている．このように製品に組み込まれて使われるコンピュータシステムのことを**組み込みシステ**

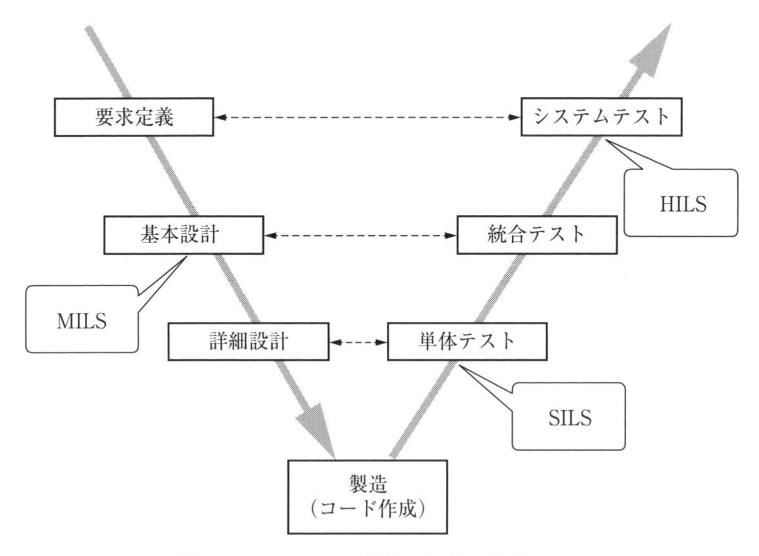

図 1.8　モデルベース開発における V 字モデル

ム（embedded system）という．コンピュータやメモリの低価格化と高機能化に伴い組み込みシステムの適用範囲は広がっており，組み込みシステム自体の大規模化も進んでいる．これに伴い組み込みシステムや制御ソフトウェアの開発工程も高度化・複雑化している．このような組み込みシステム開発のプロセスを改善するため**モデルベース開発**（MBD: Model Based Development）という手法が使われている．モデルベース開発は，品質と開発速度を向上させるために開発の各工程にシミュレーション技術を活用する開発手法である．

モデルベース開発では，図 1.8 に示すような **V 字モデル**（V-Model）と呼ばれる開発プロセスの考え方が用いられる．図の V 字型の左側は要求定義，基本設計，詳細設計といった設計・解析の流れを示し，これに基づいて組み込みシステムのプログラムのコーディング（プログラム作成）を行う．そして，右側は左側の工程に対応した単体テスト，統合テスト，システムテストといった製造されたシステムやプログラムのテスト・検証の流れを示す．それぞれの同じ高さの部分は開発の詳細さのレベルを表しており，水平方向の矢印により開発工程とテスト工程の対応関係を示している．

モデルベース開発においては，V 字モデルの各工程において，実機の代わり

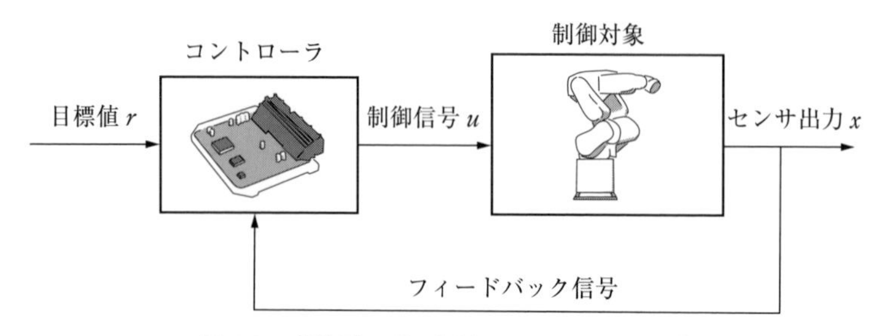

図1.9　産業用ロボット用コントローラの開発

にモデルを活用し，シミュレーションにより検証を行う．ここで，組み込みシステムの例として図1.9に示すコントローラ（組み込みコンピュータ）で制御される産業用ロボット（以下，ロボットと記す）を開発する場合について考えてみよう．制御対象であるロボットはコントローラの制御信号により制御される．コントローラは目標値とフィードバックされたロボットの位置，トルクなどのセンサ出力に基づいて制御信号を出力する．制御信号は，コントローラ上のメモリ（記憶装置）に書き込まれたプログラムにより計算される．ロボットを目標どおりに動かすためには，コントローラをうまく設計することが重要となるが，ロボットの開発が完了してからコントローラを開発していると開発時間がかかるため，通常はロボットとコントローラの開発を同時並行で行う．そのために，ロボットの製造前にシミュレーションによりその性能を記述し，それに基づいてコントローラを開発していくことが必要となり，このときにモデルベース開発が使われる．

[例題1.4]　図1.9の産業用ロボット用コントローラの開発を，図1.8のモデルベース開発におけるV字モデルに当てはめ，それぞれの工程について具体的に述べよ．

(解答)　V字モデルにおける各工程は下記のとおりとなる．

➢要求定義：実現したいロボットの仕様を検討し決定する．

➢基本設計：仕様に従ったロボットの動力学モデルに基づいて(多くの場合，MATLABなどのシミュレーションツールを用いて)シミュレーションを作成する．

➢詳細設計：ロボットを制御するための制御系を設計し，組み込みプログラムの仕様を決める．

- ➢コード生成：詳細な設計仕様書に基づき，組み込みソフトウェアのプログラミング（C 言語などによるコーディング）を行う（MATLAB/ Simulink により制御設計された制御則から直接 C 言語によるコードを生成できるソフトウェアも存在する）．
- ➢単体テスト：コーディングされた組み込みソフトウェア単体の機能を検査する．
- ➢統合テスト：ソフトウェアとハードウェアを統合した検査を行う．
- ➢システムテスト：最終製品に対して要求定義で策定された仕様を満たすかどうかテストされる．

図 1.8 における統合テストやシステムテストにおいては，**HILS**（Hardware In the Loop Simulation，HIL ともいう）という手法が用いられる場合がある．HILS は，シミュレーションモデルと組み込みソフトウェアを組み込んだコントローラの実物（ハードウェア）を使用したシミュレーションである．先の例では産業用ロボット自体がまだ製品として完成していない場合に，ロボットの挙動をリアルタイムに模擬できるシミュレータを使って，開発したコントローラが要求仕様を満たすかどうかテストできる．これは，図 1.9 においてロボットのブロックをリアルタイムシミュレータで置き換え，コントローラに現物を用いて動作確認をすることに相当する．HILS は初期には宇宙開発や航空機開発を中心に使われていたが，現在では自動車分野などの産業分野で広く利用されている．なお，これと似た手法に，**MILS**（Model In the Loop Simulation，MIL ともいう）や **SILS**（Software In the Loop Simulation，SIL ともいう）などがある．MILS は，設計の初期段階で制御設計のために作成される一般的な計算機シミュレーションのことを指す（HILS に対比する言葉として使われる）．MILS の段階では組込ソフトウェアはシミュレーション上の数式レベルで記述されているため，コントローラに組み込むためには C 言語などのプログラミング言語によるコーディングが必要となる．SILS は，MILS に対して，実際にコーディングされたソフトウェアをシミュレーションループに組み入れたものであり，ハードウェア化されたコントローラのテストである HILS を行う前にコーディングの妥当性確認や単体テストを行うために使われることが多い．

〈演習問題〉

1.1 シミュレーションが役立つ事例および特徴について述べよ.

1.2 シミュレーションの歴史をまとめよ.

1.3 モデリングに際して留意すべき点をまとめよ.

1.4 シミュレーションにおける数値計算の役割を述べよ.

1.5 プログラム言語を用いてシミュレーションを行う場合と，シミュレーション用ソフトウェアを用いる場合の違いをまとめよ.

1.6 組み込みシステムにおけるコントローラの開発にシミュレーションを用いる場合の手順を述べよ.

2 数値計算と誤差

章の要約

シミュレーションでは実際の現象をできる限り精度良く近似できることが望ましいが，どうしても真の値との誤差が発生するのは避けられない．誤差を極限まで小さくしようとすると，モデルの精度を高めたりプログラミングを工夫したりする労力や精度を高めるための計算コストがかかる．そこで，シミュレーションの目的に応じて許容される誤差とシミュレーション実施に伴うコストとのバランスを事前によく考えておく必要がある．そのためには，シミュレーションにおいて発生する誤差について理解しておくことが大切となる．本章では誤差にはどのような種類があり，それらはどのような性質をもっているのか，また数値計算を行う上で誤差を小さくするためにはどのような配慮が必要になるのかについて考える．

2.1 さまざまな誤差

シミュレーションおよび数値計算を行うさまざまな段階において誤差が発生する可能性がある．一般にシミュレーションで対象とする現象は非常に複雑な要素をもつことが多い．こういった現象をそのまま数学モデルで表現することは難しいため，ある程度単純化したモデルを使う必要がある．このように単純化したモデルを用いることで生じる誤差を**モデル誤差**（model error）という．作成した数学モデルには必ずしも厳密な解が見つかるとは限らない．そのような場合は，近似式を用いてコンピュータで計算することで解を求めることが多い．このように近似式により解を求めるときに生じる誤差を**近似誤差**（approximation error）という．

実験により得られたデータに基づいてシミュレーションを行う場合には，実験における観測器の精度による誤差や読み取り誤差などの観測誤差が含まれていることに留意する必要がある．また，入力データにおいて10進数を2進数に変換したり有限桁数で近似的に表現したりするために誤差が生じる．このように計算に使う数値自体の誤差のことを**入力誤差**（error of input data）という．

シミュレーション結果を出力するときに，2進数で表現された計算機内の数値を10進数に変換して出力するために生じる変換誤差や，出力する桁数が実際の桁数よりも少ないために生じる誤差を**出力誤差**（output error）という．さらに，計算の過程においてもさまざまな誤差が生じる可能性がある．それらについては，2.3節で述べる．

2.2　絶対誤差と相対誤差

前章でも述べたように，数値計算ではコンピュータで繰り返し計算することで，可能な限り真の値に近づけていき数値解を求める．このとき，真の値に対して必ず**誤差**（error）が発生する．いま，Xを真の値，xを誤差を含む近似値とすれば，誤差は

$$e=x-X$$

となる．誤差には以下のように絶対誤差と相対誤差がある．

絶対誤差（absolute error）：

$$|e|=|x-X|$$

すなわち，絶対誤差は，誤差$e=x-X$の絶対値で表される．また

$$|e|\leqq\varepsilon$$

となるようなεの値を誤差の限界（limit of error）という．

相対誤差（relative error）：

$$e_r=(x-X)/X$$

相対誤差は誤差と真値との比である．絶対誤差は単位系のとり方によって変化

するが，相対誤差は変化しないため，数値計算における誤差の指標として用いられる．また

$$e_r \leqq \varepsilon_r$$

となるような ε_r の値を**相対誤差**の限界という．

なお，誤差を含む数値を使ってさらに数値計算を進めていくと，新たな誤差が生じ，誤差が累積して広がっていく．これを，**誤差の伝播**（propagation of errors）という．

[例題 2.1]　$\sqrt{2}=1.41421356\cdots$ に対して，その近似値を 1.14 とする．このときの誤差，絶対誤差，相対誤差を求めよ．

(解答)

誤差：$e=x-X=1.14-\sqrt{2}=-0.274213562\cdots$

絶対誤差：$|e|=|x-X|=0.274213562\cdots$

相対誤差：$e_r=(x-X)/X=-0.193898269\cdots$

[例題 2.2]　近似値 x, y の真値を X, Y，誤差の限界を $\varepsilon_x, \varepsilon_y$ とするとき，和 $x+y$ および差 $x-y$ の誤差の限界 ε_{x+y} を求めよ．

(解答)

$$|e_{x+y}|=|(x+y)-(X+Y)|=|(x-X)-(y-Y)|\leqq|x-X|+|y-Y|\leqq\varepsilon_x+\varepsilon_y$$

$$|e_{x-y}|=|(x-y)-(X-Y)|=|(x-X)-(y-Y)|\leqq|x-X|+|y-Y|\leqq\varepsilon_x+\varepsilon_y$$

上記のように，和の場合も差の場合もそれぞれの誤差の限界を加えたものになる．このように，演算を行うことで各項の絶対誤差が計算結果に累積して伝播していくことがわかる．

2.3　数値計算と誤差

誤差には，その発生要因によりいくつかの種類がある．以下ではそれらの誤差について簡単に分類する．

2.3.1　丸め誤差

1/3=0.333…のような無限少数をコンピュータで表現するには有限桁にする

必要がある．実数を有限桁で表すには四捨五入，切り上げ，切り捨てなどの数値の**丸め**（rounding）が必要になり，真の値との誤差が発生する．これを**丸め誤差**（round-off-error）という．丸め誤差をできるだけ小さくするためには，コンピュータ内部で扱う数値の桁数を増やす必要がある．たとえば，倍精度浮動小数点数（コラム参照）を使う等の方法がある．なお，数を丸めて得られた信頼できる数値（ただし，位取りのための0を除く）を有効数字といい，有効数字の個数を有効桁数という．たとえば，0.3333の有効桁数は4である．

■ 浮動小数点数型と精度

C言語では，変数を確保する際にchar，short，int，long，float，doubleなどの型を指定する必要がある．数値計算では一般に，浮動小数点数であるfloat，doubleが使われる．floatは，単精度浮動小数点数（有効桁数約7桁），doubleは倍精度浮動小数点数（有効桁数約16桁）である．数値計算においては計算精度が重要であるため，計算機の性能に問題がなければ倍精度浮動小数点数を使うことが望ましい．なお，MATLABやExcelでは数値は倍精度浮動小数点として内部的に格納される．

[例題2.3]　単精度浮動小数の0.1を100万回足したときに発生する丸め誤差を確認するプログラムをC言語およびExcelにより作成せよ．

（解答）

C言語による例：

C言語によるプログラム例を02_1.cに示す．このプログラムを実行すると，以下の出力が得られる．

```
-----丸め誤差-----
0.1の浮動小数表示（少数以下9桁）=0.100000001
真値：100000
計算結果100958.343750
```

上記の結果より，単精度浮動小数により，0.1を100万回足した場合，e=958.343750の誤差が生じることがわかる．これは0.1をコンピュータ内の

2進数で扱う場合，有限桁で表すことができず丸め誤差が発生し，それを改めて少数以下9桁の10進数に直すと0.100000001となってしまうことが原因である．

【例題2.3のC言語プログラム（02_1.c）】

```
// 02_1.c - 誤差の発生を確認するプログラム（丸め誤差）
#include <stdio.h>
#define NUM 1000000                // 計算の繰り返し数
#define TVAL NUM/10                // 真値
int main()
{
        int i;
        float x = 0.1f;
        float y = 0.0f;
        // 丸め誤差
        printf("-----丸め誤差-----¥n");
        printf("0.1の浮動小数表示（少数以下9桁） = %.9f¥n", x);
        // xをNUM回繰り返し足す
        for (i = 0; i<NUM; i ++) y +=x; //y=y + xと同じ
        printf("真値:%d¥n", TVAL);
        printf("計算結果%f¥n", y);
        return 0;
}
```

Excelによる例：

Excelのファイル02_1.xlsmを開くと，図2.1の内容が表示される．この計算にはVBA（Visual Basic for Applications）というExcelのマクロ（操作を自動化するためのプログラム言語）を使用している．VBAのプログラムの内容を確認するには，Excelのファイルを開いてから Alt + F11 キーを押すと開発環境が開き，e021 ()のプログラムを確認することができる．この結果より，単精度浮動小数により，x=0.1をT(＝100万)回足した場合，Excelでは　$e=y-T=1.33288\times10^{-6}$ の誤差が生じ

	A	B	C	D	E	F	G
1	x=		T=		y=		y−T=
2	0.1		100000		100000		1.33288E−06

図2.1　丸め誤差の例

ることがわかる．C 言語で実行した場合と絶対誤差が異なる理由は，計算機内部で扱われる計算精度が異なるためである．

【例題 2.3 の VBA プログラム（e021()）】

```
Sub e021() '誤差の発生を確認するプログラム（丸め誤差）

NUM = 1000000 '計算の繰り返し数
TVAL = NUM/10 '真値

x = 0.1
y = 0 '近似値
Range("A1").Value = "x="
Range("A2").Value = x
Range("C1").Value = "T="
Range("C2").Value = TVAL
Range("E1").Value = "y="
Range("E2").Value = y

For i = 1 To NUM Step 1
y = y + x
Next i

Range("E2").Value = y
Range("G1").Value = "y-T="
Range("G2").Value = y - TVAL '誤差

End Sub
```

2.3.2　打ち切り誤差

$\cos\theta$ をテイラー展開を用いて求める場合以下の無限級数を用いて計算できる．

$$\cos\theta = 1 - \frac{\theta^2}{2!} + \frac{\theta^4}{4!} + \frac{\theta^6}{6!} + \cdots$$

しかし，無限に計算を続けることはできないので，計算を途中で打ち切る必要がある．このような場合，真の値に対して誤差が生じる．これを**打ち切り誤差**(truncation error)という．

[例題 2.4]　以下の式で表される $\cos\theta$ の級数について，$\theta=\frac{\pi}{3}$，計算を打ち切る項数を 5 および 2 としたときの打切り誤差を確認するプログラムを C 言語および MATLAB で作成せよ．

$$\cos\theta = \sum_{n=0}^{\infty} \frac{(-1)^n}{(2n)!} \theta^{2n}$$

（解答）

C 言語による例：

C 言語によるプログラム例を 02_2.c に示す．このプログラムを実行すると，以下の出力が得られる．

```
-----打ち切り誤差-----
真値:0.5
計算結果:
（項数 5）0.500001，（項数 2）0.451690
```

上記の結果より，計算を打ち切る項数が少なくなるほど打切り誤差が大きくなることがわかる．

【例題 2.4 の C 言語プログラム（02_2.c）】

```
// 02_2.c - 誤差の発生を確認するプログラム（打ち切り誤差）

#include <stdio.h>
#include <math.h>

#define PI 3.14159                    //円周率

double facto(int n);
double cosine(double x, int n);

int main()
```

```
{
        int i;
        double xx = PI / 3;
        // 打切り誤差
        printf("-----打ち切り誤差-----¥n");
        printf("真値:0.5¥n");
        printf("計算結果:¥n");
        printf("(項数5) %lf,(項数2) %lf¥n",cosine(xx,5),cosine(xx, 2));

        return 0;
}
//---------------------------------------------
// 【機能】 級数により余弦(コサイン)を求める
// 【引数】 x: 角度[rad], n: 計算を打ち切る項数
// 【戻り値】 余弦の近似値
//---------------------------------------------
double cosine(double x, int n)
{
        double c = 0.0;
        int i;

        for (i = 0; i < n; ++i) {
                if (i % 2 == 0)
                        c += pow(x, 2 * i) / facto(2 * i);
                else
                        c -= pow(x, 2 * i) / facto(2 * i);
        }
        return c;
}
//---------------------------------------------
// 【機能】 階乗を求める
// 【引数】 n: 自然数
// 【戻り値】 nの階乗
//---------------------------------------------
double facto(int n)
{
        int i;
        double result = 1.0;
        for (i = 0; i < n; ++i)
                result *= (i + 1);
```

```
        return result;
}
```

MATLABの例：

プログラム例をe02_1.m，cosine.m，facto.mに示す．ただし，cosine.mは級数により余弦(コサイン)を求める関数，またfacto.mは階乗を求める関数である．プログラムを実行すると，以下の出力が得られる．

```
>> e02_1
真値 = 0.5
項数：5

x =
        0.5000
項数：2
x =
        0.4517
```

上記の結果より，C言語における場合と同様に，計算を打ち切る項数が少なくなるほど打切り誤差が大きくなることがわかる．

【例題2.4のMATLABプログラム（e022.m)】

```
% 誤差の発生を確認するプログラム（打ち切り誤差）

PI = 3.14159; % 円周率

xx = PI/3;

disp(' 真値 = 0.5');
disp(' 項数：5');
x = cosine(xx,5)
disp(' 項数：2');
x = cosine(xx,2)
```

【上記から呼び出される関数 (cosine.m)】

```
% 級数によりコサインを求める
```

```
function y = cosine(x,n)

y = 0.0;

for i=0:(n-1)
    if (mod(i,2) == 0)
        y = y + x^(2 * i) / facto(2 * i);
    else
        y = y - x^(2 * i) / facto(2 * i);
    end
end
```

【上記から呼び出される関数（facto.m)】

```
% 階乗を求める

function y = facto(x)

y = 1.0;

for i=0:(x-1)
   y = y * (i + 1);
end
```

2.3.3 桁落ち誤差

大きさのほとんど等しい数値の差を取ると，有効桁数は極端に減少する．たとえば，$0.33333-0.3333=0.0003$ となり，答えの有効桁数は1桁になってしまう．このように，ほとんど等しい2つの数の差をとると有効桁数が失われる現象を**桁落ち**（cancellation）と呼び，それによる誤差を**桁落ち誤差**という．

[例題2.5] $\sqrt{3001}-\sqrt{3000}$ を計算するときに，有効数字を6桁としたときの桁落ち誤差の影響を調べよ．

（解答） 有効数字6桁のとき，$\sqrt{3001}=54.7814$，$\sqrt{3000}=54.7723$ となり，$\sqrt{3001}-\sqrt{3000}=0.0091$ となる．よって，この計算の結果有効数字は2桁に下がることがわかる．そこで

$$\sqrt{3001}-\sqrt{3000}=(\sqrt{3001}-\sqrt{3000})\times\frac{\sqrt{3001}+\sqrt{3000}}{\sqrt{3001}+\sqrt{3000}}=\frac{1}{\sqrt{3001}+\sqrt{3000}}$$

$$=\frac{1}{54.7814+54.7723}=0.00912794$$

と計算すれば，桁落ちを避けることができる．

[例題 2.6]　2 次方程式 $ax^2+bx+c=0$ について，各定数が単精度浮動小数で以下のとおり表されるとき，解の桁落ち誤差を確認する C 言語プログラムを作成せよ．

$$a=0.000001, b=0.999999, c=-1.0$$

(解答)　プログラム 02_3.c に，プログラムの例を示す．本プログラムでは，解の公式　$x=\frac{-b+\sqrt{b^2-4ac}}{2a}$ を計算し，出力しているが，以下の出力結果をみると特に正の解で真値との誤差が大きくなっていることがわかる．$4ac$ が b^2 に比べて非常に小さい場合は，たとえば $b>0$ の場合は $\sqrt{b^2-4ac}\fallingdotseq\sqrt{b^2}=b$ となるため，分子の $-b+\sqrt{b^2-4ac}$ の計算において，ほとんど等しい 2 つの数の差をとることになり，桁落ち誤差が生じる（逆に $b<0$ の場合は $-b-\sqrt{b^2-4ac}$ の計算で桁落ち誤差が生じる）．このような誤差が生じないようにするにはどのようにすればよいか，考えてみよう（演習問題 2.5 参照）．

```
-----桁落ち誤差-----
真値:1.0, -1000000.0
計算結果:0.983477, -999999.972722
```

【例題 2.6 の C 言語プログラム（02_3.c）】

```
// 02_3.c - 誤差の発生を確認するプログラム（桁落ち誤差）

#include <stdio.h>
#include <math.h>

int main()
{
        int i;
        float a = 0.000001f;
        float b = 0.999999f;
        float c = -1.0f;
        float d = (float)sqrt(b*b - 4 * a*c);// 判別式
```

```
        printf("-----桁落ち誤差-----¥n");
        printf("真値:1.0, -1000000.0¥n");
        printf("計算結果:%f, %f¥n", (-b + d) / (2 * a), (-b - d) / (2 * a));

        return 0;
}
```

〈演習問題〉

2.1 数値計算における誤差の種類と発生原因をまとめよ．

2.2 例題2.3に相当するプログラムをMATLABで作成し，結果を確認せよ．

2.3 例題2.3のC言語プログラムにおいて倍精度浮動小数に変更し，0.1を100万回足したときに発生する丸め誤差を確認するプログラムに修正し，結果を例題と比較せよ．

2.4 例題2.4のプログラムをExcelのVBAを使って作成し，結果を確認せよ．

2.5 例題2.6における桁落ち誤差を回避するプログラムを書け．

2.6 例題2.6に相当するプログラムおよび桁落ち誤差を避ける工夫をしたプログラム（問題2.5に相当）をMATLABおよびExcelを使って作成し，結果を確認せよ．

3 非線形方程式の解法

章の要約

方程式 $f(x)=0$ を x について解いて根を求める場合，たとえば $f(x)=3x+5$ のような線形な方程式であれば，数式による計算で x を簡単に求めることができる．しかし，$f(x)=e^x+x$ のような非線形な方程式の場合は，簡単に $f(x)=0$ の解 x を求めることができない．本章では非線形な方程式の解を求める代表的な数値計算の方法として，ニュートン法とはさみうち法について述べる．

3.1 ニュートン法

ニュートン法（Newton method）は，解をもつことがわかっている微分可能な関数の解を効率的に求めることができる．

図 3.1 に方程式 $f(x)=0$ の解をニュートン法により求める場合を示す．$y=f(x)$ が x 軸と交わるときの x の値が求めたい解 $(x=a)$ である．ニュートン法では，まず適当な x_0 を初期値として与える．そして，x_0 に対応する $y=f(x)$ 上の点 $P_0\,(x_0,\ f(x_0))$ における接線を引く．接線の方程式は，傾き $f'(x_0)$ を用いて

$$y=f'(x_0)(x-x_0)+f(x_0) \tag{3.1}$$

と書ける．接線と x 軸との交点 x_1 を式（3.1）を 0 とおいて求めると

$$x_1=x_0-\frac{f(x_0)}{f'(x_0)}$$

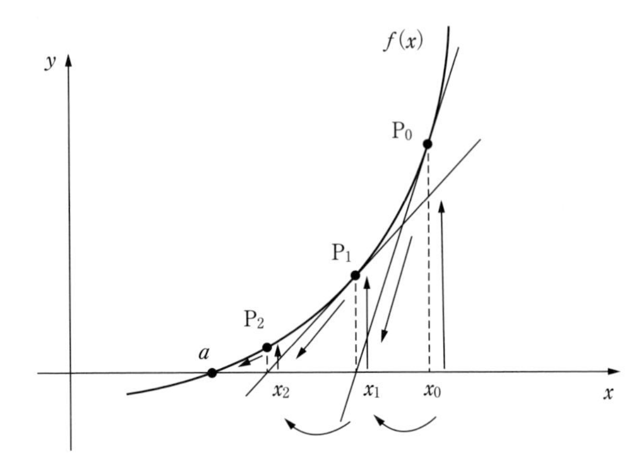

図 3.1　ニュートン法による解の計算

となる．同様にして，x_1 に対応する関数上の点 $P_1(x_1, f(x_1))$ における接線と x 軸との交点は次式となる．

$$x_2 = x_1 - \frac{f(x_1)}{f'(x_1)}$$

この操作を繰り返せば，次式の交点 x_{i+1} が a に近づいていく．

$$x_{i+1} = x_i - \frac{f(x_i)}{f'(x_i)} \tag{3.2}$$

上式がニュートン法の公式であり漸化式となっている．ここで，適当な収束判定定数 ε を設定し，$|x_{i+1} - x_i| < \varepsilon$ のとき，繰り返し計算を停止させ，x_{i+1} を近似解とする．上記をまとめると，以下に示すアルゴリズムとなる．

ニュートン法のアルゴリズム

---

① 初期値 x_0，収束判定定数 ε，最大反復回数 $n_{\max}$ を設定

② 式 (3.2)

$$x_{i+1} = x_i - \frac{f(x_i)}{f'(x_i)}$$

により x_{i+1} を繰り返し求める．

③ 収束条件 $|x_{i+1} - x_i| < \varepsilon$ を満たせば終了．

上記のアルゴリズムにより x_{i+1} が根 a に限りなく近づくことを収束といい，逆に値が根から離れていくことを発散という．初期値 x_0 の取り方によっては解が発散する可能性があるため，最大反復回数 $n_{\max}$ を設定して，一定の計算回数までに収束しなければ計算を止めるよう設定する．

なお，ニュートン法は適切な初期値を与えれば比較的収束が速いという特徴があるが，使用に際しては以下の点について注意が必要となる．

(1)　導関数が解析的に求まらない関数には使用できない．また導関数を求める手間もかかる．

(2)　複数の根が存在する場合でもニュートン法では初期値 x_0 の近傍の1つの根しか求められない．そこで，あらかじめ関数のグラフを描いておき，根の近傍の初期値を与えることですべての根を求めることができる．

(3)　根が存在しても，条件によっては計算が収束しない可能性がある．(35頁のコラム参照)

(4)　ニュートン法では実数の根（関数と x 軸との交点）が存在しない場合は解が収束しない．虚数根を求めたい場合は，ベアストウ法（42頁のコラム参照）などを使用する必要がある．

［例題 3.1］　方程式 $\cos x - x = 0$ について，ニュートン法を用いて許容誤差 $\varepsilon = 10^{-6}$ で Excel および C 言語により解を求めよ．

Excel による解法：

まず，$f(x) = \cos x - x$ の導関数は $f'(x) = -\sin x - 1$ となるので，式 (3.2) に当てはめて計算して行けばよい．まず，Excel を使って $f(x) = \cos x - x$ のグラフを描いてみよう．

図 3.2 のように A 列に x の値を入れ，次に B2 のセルに「＝COS(A2)－A2」を入れてオートフィル（B2 のセル右下隅のフィルハンドルを下方へドラッグ・ドロップ）して -0.5～1.5 の範囲における $f(x) = \cos x - x$ の数表を作成する．次に，数表を範囲指定して散布図を使って $y = f(x)$ のグラフを描く．

図より，0.5～1 の範囲に解があることがわかる．そこで，図 3.3 のように別のワークシートで以下のようにニュートン法の計算を行う．

1)　B3 のセルに式 (3.2) に相当する計算式「＝B2－(COS(B2)－B2)/(－SIN(B2)－1)」を入れ，オートフィルで B3～B8 に同様の式を書き込む．

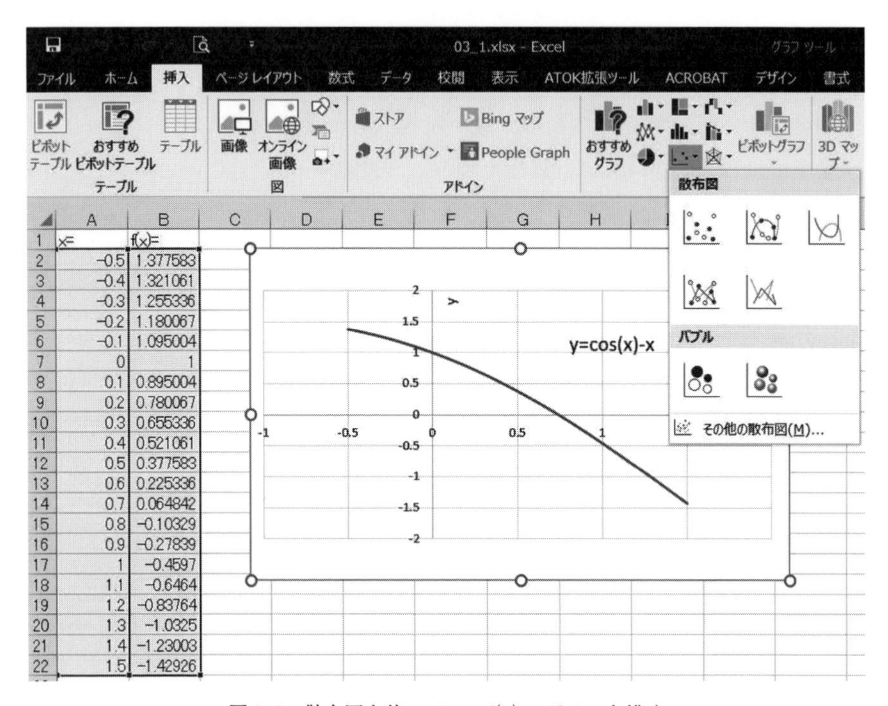

	A	B
1	x=	f(x)=
2	−0.5	1.377583
3	−0.4	1.321061
4	−0.3	1.255336
5	−0.2	1.180067
6	−0.1	1.095004
7	0	1
8	0.1	0.895004
9	0.2	0.780067
10	0.3	0.655336
11	0.4	0.521061
12	0.5	0.377583
13	0.6	0.225336
14	0.7	0.064842
15	0.8	−0.10329
16	0.9	−0.27839
17	1	−0.4597
18	1.1	−0.6464
19	1.2	−0.83764
20	1.3	−1.0325
21	1.4	−1.23003
22	1.5	−1.42926

図 3.2　散布図を使って $y=f(x)$ のグラフを描く

B4　=B3-(COS(B3)-B3)/(-SIN(B3)-1)

$$x_{i+1}=x_i-\frac{f(x_i)}{f'(x_i)}$$

	A	B	C	D	E	F
1	i=	xi=	err=			
2	0	0				
3	1	1.000000	1			
4	2	0.750364	0.249636132			
5	3	0.739113	0.011250977			
6	4	0.739085	2.77575E-05			
7	5	0.739085	1.70123E-10			
8	6	0.739085	0			
9	7	0.739085	0			
10	8	0.739085	0			

図 3.3　ニュートン法により解を求める

2)　誤差 $|x_{i+1}-x_i|$ としてセル C3 に「= ABS(B3 - B2)」を入れる.

〈セル設定〉

B3 セル　= B2 - (COS(B2) - B2)/(- SIN(B2) - 1)

C3 セル　= ABS(B3 - B2)

上記の結果より，5 回目の計算で許容誤差 $\varepsilon=10^{-6}$ 以下に収束していることがわかる．

C 言語による解法：

プログラム例を 03_1.c に示す．また，初期値を 1 とした場合の実行結果は下記のとおりである．なお，本プログラムの結果では小数点以下 5 桁までの表示としている．

```
-----ニュートン法-----
初期値：1
計算結果：収束，反復回数 = 5，収束値 =      0.73909
```

【例題 3.1 の C 言語プログラム（03_1.c）】

```
// 03_1.c - ニュートン法のプログラム

#include <stdio.h>
#include <math.h>

#define TOL 1.0e-6      // 許容誤差
#define IMAX 8                  // 最大反復計算回数

double func(double x);
double dfunc(double x);

int main()
{
        double x;               // 初期値
        double xn;              // 漸化式による計算値
        int k;                  // 反復計算回数
        char zz;

        printf("-----ニュートン法-----¥n");
        printf("初期値:");
        scanf("%lf%c", &x, &zz);

        k = 1;
        while (1)
        {
```

```
                k ++;
                xn = x - func(x) / dfunc(x);
                if (fabs(xn - x) < TOL) break;

                x = xn;
                if (k == IMAX)
                {
                        printf("計算結果:発散 ¥n");
                        return 0;
                }
        }
        printf("計算結果:収束, 反復回数 = %d, 収束値 = %10.5lf¥n", k, xn);

        return 0;
}

//-----------------------------------------------
// 【機能】 ある変数値における関数値を求める
// 【引数】 x: 変数値
// 【戻り値】 関数値
//-----------------------------------------------
double func(double x)
{
        return cos(x) - x;
}

//-----------------------------------------------
// 【機能】 ある変数値における導関数を求める
// 【引数】 x: 変数値
// 【戻り値】 導関数
//-----------------------------------------------
double dfunc(double x)
{
        return -sin(x) - 1;
}
```

[例題 3.2] 例題 3.1 の問題を MATLAB の標準関数および自作関数を作成して解け.

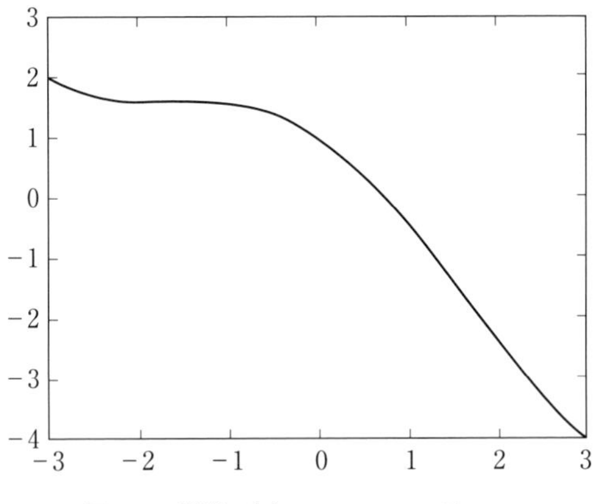

図 3.4 関数 $f(x)=\cos x-x$ のグラフ

(解答)

MATLAB による解法：

MATLAB によるプログラム例を e031.m に示す．MATLAB では非線形関数の根を求める fzero（ ）という関数が用意されている．プログラムの前半では，f=inline('cos(x)-x')で定義された関数を使って，fzero(f,1)により根 xm を求めている．後半では，例題 3.1 の C 言語プログラムに対応して作成した関数 newton.m を使って根 xn を求めている．このプログラムの実行結果は下記のとおりである．また，関数のグラフが図 3.4 のように描かれる．このプログラムを実行すると，以下の出力が得られる．

```
>> e031
xm =
    0.7391
xn =
    0.7391
```

上記の結果より，fzero および newton.m により同じ根の値が求められていることがわかる．なお，fzero では，二分法（42 頁のコラム参照）をはじめとする複数のアルゴリズムが組み合わされて使われている．

【例題 3.2 の MATLAB プログラム（e031.m)】

```
% ニュートン法のプログラム

f = inline('cos(x)-x');  % 関数

% MATLAB 関数による解法
xm = fzero(f,1)  % MATLAB 関数による解

% ニュートン法による解法
x = -3:0.01:3;               % グラフの定義域
plot(x,f(x))                 % グラフの描画
grid                           % グリッドの表示
df = inline('-sin(x)-1');  % 導関数
xn = newton(f,df,1)          % ニュートン法による解
```

【上記から呼び出される関数　(newton.m)】

```
function x = newton(f,df,x0)
%     f:  関数
%     df:  導関数
%     x0:  初期値
%       戻り値:  近似解

TOL = 1.0e-6;  % 許容誤差
IMAX = 8;        % 最大反復計算回数
k = 1;             % 繰り返し回数
x = x0;           % 近似解

while (1)
        if (abs(df(x)) < TOL)
                disp('df = 0')
                return;
        else
                k = k + 1;
                xn = x - f(x) / df(x);
                if (abs(xn - x) < TOL)
                        return;
                else
                        x = xn;
                        if (k == IMAX)
                                disp(' 計算結果:発散 ')
```

```
                        return;
                    end
                end
            end
end
```

ニュートン法の数値解が収束しない場合

ニュートン法では初期値の与え方によって数値解が収束しない場合がある．たとえば

$$f(x)=x^3-x=0$$

の数値解をニュートン法により求めることを考える．このとき $y=f(x)$ の微分は

$$f'(x_0)=3x^2-1$$

であるから，ニュートン法の公式（3.2）に当てはめれば

$$x_{i+1}=x_i-\frac{x_i^3-x_i}{3x_i^2-1}=\frac{2x_i^3}{3x_i^2-1} \tag{3.3}$$

i	x_i	誤差	i	x_i	誤差	i	x_i	誤差
0	0.447213595		0	0.4		0	0.5	
1	−0.44721	0.894427	1	−0.24615	0.646154	1	−1.00000	0
2	0.44721	0.894427	2	0.03646	0.282611	2	−1.00000	0
3	−0.44721	0.894427	3	−0.00010	0.036554	3	−1.00000	0
4	0.44721	0.894427	4	0.00000	9.73E−05	4	−1.00000	0
5	−0.44721	0.894427	5	0.00000	1.84E−12	5	−1.00000	0
6	0.44721	0.894427	6	0.00000	0	6	−1.00000	0
7	−0.44721	0.894427	7	0.00000	0	7	−1.00000	0
8	0.44721	0.894427	8	0.00000	0	8	−1.00000	0
9	−0.44721	0.894427	9	0.00000	0	9	−1.00000	0
10	0.44721	0.894427	10	0.00000	0	10	−1.00000	0
11	−0.44721	0.894427	11	0.00000	0	11	−1.00000	0
12	0.44721	0.894427	12	0.00000	0	12	−1.00000	0
13	−0.44721	0.894427	13	0.00000	0	13	−1.00000	0
	振動			0 に収束			−1 に収束	

図 3.5 ニュートン法の初期値による結果の違い（03_1c.xlsx）

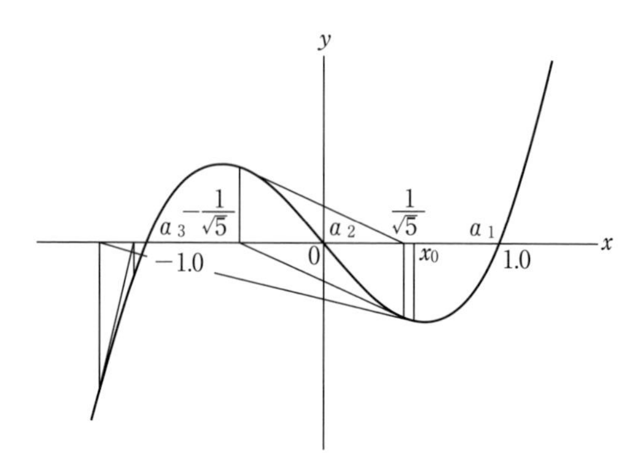

図 3.6　ニュートン法による振動・収束の例

となる．これを図 3.3 と同様の方法で Excel で解くと図 3.5 のようになる．

図 3.5 左側の計算結果のように，初期値 $x_0=1/\sqrt{5}(=0.447213595)$ とすると，解が収束せず図 3.6 に示すように振動することがわかる．一方，初期値 $x_0<1/\sqrt{5}$（図 3.5 中央）なら 0 に収束し，$x_0>1/\sqrt{5}$ の場合（図 3.5 右側）は −1 に収束することがわかる．このようにニュートン法では初期値の与え方が重要であるため，あらかじめ対象とする関数のグラフを図 3.6 のように描くなどして解の値についておおよその見当をつけて初期値を設定するとよい．

3.2　はさみうち法

方程式 $f(x)=0$ に対して，もし $f(x)$ が連続関数であり，区間 $[x_a,\ x_b]$ において $f(x_a)$ と $f(x_b)$ が異符号なら，x_a と x_b の間に必ず 1 個以上の実数根が存在する．すなわち，$f(x_a)f(x_b)<0$ が区間 $[x_a,\ x_b]$ において実数根の存在する条件である．

以下では**はさみうち法**（**レギュラ・ファルシ**（regula falsi）法ともいう）の原理を説明する．図 3.7 のように $f(x_a)f(x_b)<0$ になるように，2 つの数 x_a, x_b を選ぶ．

次に，関数上の 2 つの点 $P_a(x_a, f(x_a))$, $P_b(x_b, f(x_b))$ を結ぶ直線の方程式は以下のように求まる．

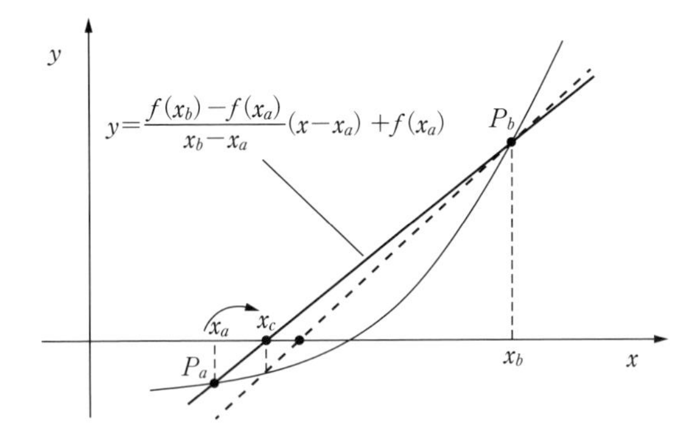

図 3.7　はさみうち法の原理

$$y=\frac{f(x_b)-f(x_a)}{x_b-x_a}(x-x_a)+f(x_a) \tag{3.4}$$

この直線は x 軸と交わり，その交点 x_c は上式を 0 とおいて x について解けば次式のように求まる．

$$x_c=\frac{x_a f(x_b)-x_b f(x_a)}{f(x_b)-f(x_a)} \tag{3.5}$$

ここで，図 3.7 の x_c は x_a よりも根の値に近い位置になるため，x_c と x_b を使って上記と同様にはさみうち法の計算をすれば，さらに根に近づけていくことができる．ただし，x_c は常に x_a の側になるとは限らず x_b 側になる場合もあるので，$f(x_c)f(x_b)<0$ なら $x_a=x_c$，そうでなければ $x_b=x_c$ とする．

繰り返し計算では，収束判定定数を ε とし，$|f(x_c)|<\varepsilon$ を満たすとき x_c を出力とし，満たさない場合は，式 (3.5) に戻って計算を行う．

上記をまとめると，以下に示すアルゴリズムとなる．

はさみうち法のアルゴリズム

---

① $f(x_a)f(x_b)<0$ となるよう，2 つの数 x_a，x_b を選ぶ．また，収束判定定数を ε とする．

② 次式

$$x_c=\frac{x_a f(x_b)-x_b f(x_a)}{f(x_b)-f(x_a)}$$

により x_c を計算し，もし $f(x_c)<\varepsilon$ を満たせば x_c を近似根として出力し終了．そうでなければ③へ．

③　$f(x_c)f(x_b)<0$ なら $x_a=x_c$，そうでなければ $x_b=x_c$ とし，②に戻る．

はさみうち法には以下のような特徴がある．

(1)　計算は必ず収束するが，選んだ初期値によって収束の早さが異なる．$f(x_a)f(x_b)<0$ という条件で x_a，x_b の間隔ができるだけ小さくなるようにすれば収束を早めることができる．

(2)　一定の反復回数で一定の精度が得られる．

(3)　ニュートン法と同様，1回で1つの根しか求められない．

(4)　ニュートン法では区間 $[x_a,\ x_b]$ において複数の根がある場合，初期値に最も近い根が求まるが，はさみうち法ではどの根が求まるのかはわからない．そこで，あらかじめ関数の概形を求めておき，根の存在する区間をおおまかに推定しておいてから求めるとよい．

[例題 3.3]　方程式 $-x^3+4x+2=0$ について，はさみうち法を用いて許容誤差 $\varepsilon=10^{-6}$ で任意の解を Excel および C 言語により解を求めよ．

Excel による解法：
方程式 $f(x)=-x^3+4x+2$ を Excel で描くと，図3.8のようになる．

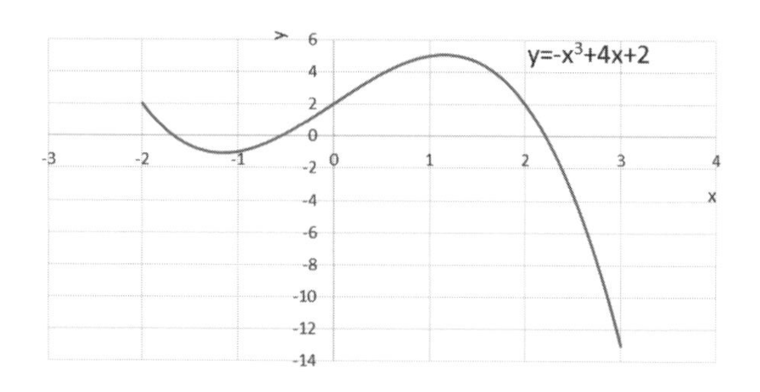

図3.8　$y=-x^3+4x+2$ のグラフ

E2　=(A2*D2-B2*C2)/(D2-C2)

	A	B	C	D	E	F
1	xa=	xb=	f(xa)=	f(xb)=	xc=	f(xc)=
2	-2	-1.5	2	-0.625	-1.619048	-0.2321564
3	-2	-1.6190476	2	-0.2321564	-1.658669	-0.0713754
4	-2	-1.6586687	2	-0.0713754	-1.670430	-0.020657
5	-2	-1.6704303	2	-0.020657	-1.673799	-0.0058734
6	-2	-1.6737995	2	-0.0058734	-1.674755	-0.0016616
7	-2	-1.6747546	2	-0.0016616	-1.675025	-0.0004694
8	-2	-1.6750246	2	-0.0004694	-1.675101	-0.0001325
9	-2	-1.6751009	2	-0.0001325	-1.675122	-3.742E-05
10	-2	-1.6751224	2	-3.742E-05	-1.675128	-1.057E-05
11	-2	-1.6751285	2	-1.057E-05	-1.675130	-2.983E-06
12	-2	-1.6751302	2	-2.983E-06	-1.675131	-8.422E-07

図 3.9　はさみうち法により解を求める

図 3.8 より，−2〜3 の範囲に 3 個の解があることがわかる．そこで，まず最も小さい解を以下のように求める．

1）図 3.9 のように，セル A2 と B2 に初期値として $x_a=-2$，$x_b=-1.5$ を入力する．
2）セル C2 に $f(x_a)$ を計算する関数式として「= - A2^3 +4*A2 +2」を入力する．
3）$f(x_b)$ を計算するために，C2 の計算式を D2 にも（オートフィルで）入力する．
4）セル E2 には x_c を計算する「= (A2*D2 - B2*C2)/(D2 - C2)」を入力する．
5）セル F2 には $f(x_c)$ を計算する「= - E2^3 +4*E2 +2」を入力する．
6）A3，B3 には IF 関数を使って $f(x_c)f(x_b)<0$ なら $x_a=x_c$，そうでなければ $x_b=x_c$ となるように，それぞれ「= IF(D2*F2<0, E2, A2)」，「= IF(C2*F2<0, E2, B2)」を入力する．以上の計算を繰り返すためにセル A3〜F3 の内容を A4〜F12 にコピーする．図 3.9 の計算結果より F12 では誤差が 10^{-6} 以下となっており，近似値として E12 の −1.675131 が得られる．
7）他の根も初期値を適切に設定することで，同様に求めることができる．

〈セル設定〉

C2 セル　= - A2^3 +4*A2 +2

D2 セル　= - B2^3 +4*B2 +2

E2 セル　=(A2*D2 - B2*C2)/(D2 - C2)

F2セル　= - E2^3 +4*E2 +2

A3セル　=IF(D2*F2<0, E2, A2)

B3セル　=IF(C2*F2<0, E2, B2)

C言語による解法：

プログラム例を03_2.cに示す．また，近似解の探索範囲を① −2〜−1，② −1〜0，③ 1〜3とした場合の実行結果は下記のとおりである．

```
-----はさみうち法-----
<近似解の探索範囲>
最小値：-2
最大値：-1
近似解 =   -1.675131

-----はさみうち法-----
<近似解の探索範囲>
最小値：-1
最大値：0
近似解 =   -0.539189

-----はさみうち法-----
<近似解の探索範囲>
最小値：1
最大値：3
近似解 =     2.214320
```

【例題3.3のC言語プログラム　03_2.c】

```
// 03_2.c - はさみうち法のプログラム

#include <stdio.h>
#include <math.h>

#define TOL 1.0e-6      // 許容誤差

double func(double x);
double FalsePosition(double xa, double xb);

void main()
{
        double xa, xb; // 近似解の探索区間の左端，右端
```

```
	double xc;	// 近似解
	char zz;

	printf("-----はさみうち法-----¥n");
	printf("<近似解の探索範囲> ¥n");
	printf("最小値：");
	scanf("%lf%c", &xa, &zz) ;
	printf("最大値:");
	scanf("%lf%c", &xb, &zz);

	if (func(xa)*func(xb) >= 0) printf("探索範囲が不適 ¥n");
	else
	{
		while (1)
		{
			xc = (xa*func(xb) - xb*func(xa)) / (func(xb) -
func(xa));

			if (fabs(func(xc)) < TOL) break;
			else
			{
				if (func(xc)*func(xb) < 0)	xa = xc;
				else xb = xc;
			}
		}
		printf("近似解 = %10.6lf¥n", xc);
	}
}

//-------------------------------------------
// 【機能】 ある変数値における関数値を求める
// 【引数】 x: 変数値
// 【戻り値】 関数値
//-------------------------------------------
double func(double x)
{
	return -x*x*x + 4 * x + 2;
}
```

■二分法

はさみうち法と似た非線形方程式の解法に**二分法**（bisection method）と呼ばれる方法がある．これは，関数 $y=f(x)$ が連続関数であり，区間 $[x_a,\ x_b]$ において $f(x_a)$ と $f(x_b)$ が異符号のとき，図3.10のように中間点を

$$x_c=\frac{x_a+x_b}{2}$$

とおき，区間を $[x_a,\ x_c]$ と $[x_c,\ x_b]$ とに2分する．次に2つの区間の中から根を含む方を選んで，新たに $[x_a,\ x_b]$ とする．この処理を収束判定条件を満たすまで繰り返すことで確実に根を求めることができる．ただし，はさみうち法に比べると解への収束は遅い．

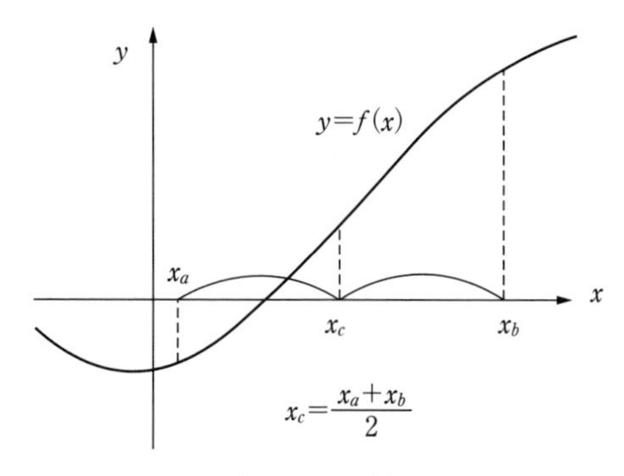

図3.10　二分法

■代数方程式の複素解を求める手法

n 次方程式

$$f(x)=a_0x^n+a_1x^{n-1}+\cdots+a_{n-1}x+a_n=0 \quad (a_0\neq 0) \tag{3.6}$$

は非線形方程式の特別な場合であり，$n=5$ 以上の代数方程式の解は解析的に求められないことがわかっている．このような n 次の代数方程式を数値的に得る方法として，**拡張されたニュートン法**や**ベアストウ法**がある．以下にそれらの数値解法の概要を述べる．

拡張されたニュートン法による方法：

式（3.6）の複素解を α, β とすると

$$f(x)=f_{Re}(\alpha, \beta)+f_{Im}(\alpha, \beta)i \tag{3.7}$$

と書ける．ただし，$f_{Re}(\alpha,\beta)$ は $f(x)$ の実数部，$f_{Im}(\alpha,\beta)$ は $f(x)$ の虚数部を表す．$f(x)=0$ のとき，$f_{Re}(\alpha,\beta)=0$ かつ $f_{Im}(\alpha,\beta)=0$ であるから，これを 2 変数に**拡張されたニュートン法**を用いて解けば，解 $x=\alpha+\beta i$ を求めることができる．

なお，2 変数に拡張されたニュートン法では本書では扱わないため，参考文献などを参考にされたい．

ベアストウ法による方法：

拡張されたニュートン法では与えられたある初期値に対して解を 1 個しか得ることができない．**ベアストウ**（Bairstow）**法**は代数方程式のすべての解を求めることができる．代数方程式（3.6）を 2 次式 (x^2+px+q) で割ったときの，商を $g(x)$，余りを $rx+s$ とすると

$$f(x)=(x^2+px+q)g(x)+rx+s \tag{3.8}$$

となる．したがって，$rx+s=0$ となるように p，q を選ぶことができれば，2 次式の積で因数分解できる．(x^2+px+q) の根は公式により

$$x=\frac{-p\pm\sqrt{p^2-4q}}{2} \tag{3.9}$$

のように求まる．さらに $g(x)$ についても同様の処理を繰り返せば代数方程式の次数を 2 ずつ下げることができる．

代数方程式が奇数次数の場合は，最後の因数分解の結果は 1 次式になるので，簡単に解くことができる．なお，p，q は，数値計算で求めることができる．

〈演習問題〉

3.1　ニュートン法とはさみうち法のそれぞれの特徴をまとめよ．

3.2　ニュートン法のアルゴリズム（28 頁）およびはさみうち法のアルゴリズム（37 頁）に対応するプログラム部分を例題 3.1，3.3 の C 言語プログラムから抜き出して説明せよ．

3.3　例題 3.3 の C 言語プログラムに相当するプログラムを Excel，MATLAB で作成せよ．

3.4　方程式 $-4x^3-x^2+3=0$ について，はさみうち法を用いて許容誤差 $\varepsilon=10^{-6}$ で解を求めるとき，区間［0,1］，［0,2］における収束回数を比較せよ（C 言語，Excel，MATLAB でそれぞれ作成のこと）．

3.5　次の方程式について，ニュートン法とはさみうち法を用いて許容誤差 $\varepsilon=10^{-6}$

で任意の解を 1 つ求めよ（C 言語，Excel，MATLAB でそれぞれ作成のこと）.

(1)　$x^4-3x+1=0$

(2)　$20\cos x+5x-10=0 \quad (-2\leq x\leq 2)$

(3)　$e^x-\dfrac{1}{x}=0$

(4)　$\log x+4x^2-8=0$

3.6　曲線 $y=\cos x \left(0\leq x\leq \dfrac{\pi}{2}\right)$ と x, y 軸に囲まれた部分の面積を，原点を通る直線で二等分するとき，曲線と直線の交点の x 座標を求めよ（C 言語，Excel，MATLAB でそれぞれ作成のこと）.

4 連立１次方程式

章の要約

本章では連立１次方程式の解法について述べる．多くの工学や科学技術の問題は，連立１次方程式に帰着することができる．連立１次方程式の数値解法には大きく分けて直接法と反復法の２種類がある．ここでは直接法の代表例として，ガウス・ジョルダンの消去法およびLU分解法を，反復法の代表例としてガウス・ザイデル法を取り上げて説明する．

4.1 連立１次方程式の解法

以下のように，未知数の個数および式の個数がともに n である連立１次方程式を考える．

$$\begin{cases} a_{11}x_1+a_{12}x_2+\cdots+a_{1n}x_n=b_1 \\ a_{21}x_1+a_{22}x_2+\cdots+a_{2n}x_n=b_2 \\ \qquad\qquad\cdots \\ a_{n1}x_1+a_{n2}x_2+\cdots+a_{nn}x_n=b_n \end{cases} \tag{4.1}$$

ここで，方程式の左辺の係数を並べた n 次の正方行列を A で表す．

$$A=\begin{bmatrix} a_{11} & a_{12} & \cdots & a_{1n} \\ a_{21} & a_{22} & \cdots & a_{2n} \\ & \cdots & \cdots & \\ a_{n1} & a_{n2} & \cdots & a_{nn} \end{bmatrix} \tag{4.2}$$

また

$$\boldsymbol{x}=\begin{bmatrix} x_1 \\ x_2 \\ \vdots \\ x_n \end{bmatrix}, \quad \boldsymbol{b}=\begin{bmatrix} b_1 \\ b_2 \\ \vdots \\ b_n \end{bmatrix}$$

と書けば，式（4.1）は

$$A\boldsymbol{x}=\boldsymbol{b} \tag{4.3}$$

と表される．上記より，$\boldsymbol{x}$ を求めるには逆行列 A^{-1} を求めて，$\boldsymbol{x}=A^{-1}\boldsymbol{b}$ を計算すればよいことがわかる．なお，本書においては特に断らない限り A 行列は**正則**である（すなわち，逆行列が存在し，連立1次方程式が解ける）ものとする．

さて，線形代数学の分野では次の**クラメルの公式**（Cramer's rule）がよく知られている．

$$x_i=\frac{\det(A_{i,b})}{\det(A)}$$

ただし，det()は行列式を表す（$|\ \ |$と表すこともある）．また，$A_{i,b}$ は次式のように行列 A の第 i 列を $A\boldsymbol{x}=\boldsymbol{b}$ の $\boldsymbol{b}$ で置き換えて得られる行列である．

$$A_{i,b}=\begin{pmatrix} a_{11} & \cdots & a_{1(i-1)} & b_1 & a_{1(i+1)} & \cdots & a_{1n} \\ a_{21} & \cdots & a_{2(i-1)} & b_2 & a_{2(i+1)} & \cdots & a_{2n} \\ \vdots & & \vdots & \vdots & \vdots & & \vdots \\ a_{n1} & \cdots & a_{n(i-1)} & b_n & a_{n(i+1)} & \cdots & a_{nn} \end{pmatrix} \tag{4.4}$$

上記のクラメルの公式では，n 元連立方程式の解を得るための計算時間は $n!$ に比例するため n が大きくなると極端に計算時間がかかり効率が悪い．一般に数値計算法では，連立1次方程式を解くのに**直接法**あるいは**反復法**が使われることが多い．表4.1にそれらの特徴をまとめる．直説法は，あらかじめ定め

表4.1　直接法と反復法

計算法	名　称	手　法	特　徴
直接法	ガウス・ジョルダンの消去法 *LU* 分解法	あらかじめ定められた有限回のステップで解を求める	有限回の計算で効率よく正確な解が得られる
反復法	ガウス・ザイデル法	反復計算により近似解を求める	次元が大きく要素に0を多く含むような行列に適する

られた有限回のステップで解を求める方法で，**ガウス・ジョルダンの消去法**（Gauss-Jordan elimination）や***LU* 分解法**（*LU* decomposition method）などがある．一方，反復法は反復計算により近似解を求めるもので，ガウス・ザイデル法（Guss-Seidel method）などがある．以下ではそれらの手法について説明する．

4.1.1　ガウス・ジョルダンの消去法

以下では，簡単な例に基づき，ガウス・ジョルダンの消去法の手順を説明した後，その一般的なアルゴリズムについて述べる．

[例題 4.1]　次の連立1次方程式を解け．

$$\begin{cases} 2x+3y+5z=10 \\ 3x+y+4z=1 \\ -1x+2y+3z=11 \end{cases}$$

(解答)　上式を $A\boldsymbol{x}=\boldsymbol{b}$ の行列表示にすれば

$$\begin{bmatrix} 2 & 3 & 5 \\ 3 & 1 & 4 \\ -1 & 2 & 3 \end{bmatrix}\begin{bmatrix} x \\ y \\ z \end{bmatrix}=\begin{bmatrix} 10 \\ 1 \\ 11 \end{bmatrix}$$

となる．ここで，$A=\begin{bmatrix} 2 & 3 & 5 \\ 3 & 1 & 4 \\ -1 & 2 & 3 \end{bmatrix}$ と $\boldsymbol{b}=\begin{bmatrix} 10 \\ 1 \\ 11 \end{bmatrix}$ をつなげて

$$\begin{bmatrix} 2 & 3 & 5 & 10 \\ 3 & 1 & 4 & 1 \\ -1 & 2 & 3 & 11 \end{bmatrix}$$

のような行列を作る（これを**拡大係数行列**という）．ここで，a_{11} の絶対値が最も大きい行が1行目にくるように1行目と2行目を入れ替える（この操作についての詳細は後述する）．なお，このような行の入れ替えは元の方程式の順序を入れ替えることに相当するので，解には影響を与えない．

以下では拡大係数行列を

$$\begin{bmatrix} a_{11} & a_{12} & \cdots & a_{1n} & b_1 \\ a_{21} & a_{22} & \cdots & a_{2n} & b_2 \\ & \cdots & \cdots & & \\ a_{n1} & a_{n2} & \cdots & a_{nn} & b_n \end{bmatrix}=\begin{bmatrix} a_{11}^{(1)} & a_{12}^{(1)} & \cdots & a_{1n}^{(1)} & b_1^{(1)} \\ a_{21}^{(1)} & a_{22}^{(1)} & \cdots & a_{2n}^{(1)} & b_2^{(1)} \\ & \cdots & \cdots & & \\ a_{n1}^{(1)} & a_{n2}^{(1)} & \cdots & a_{nn}^{(1)} & b_n^{(1)} \end{bmatrix} \tag{4.5}$$

のように再定義する．ここで，$a_{ij}^{(k)}$ の右上添字 (k) は行列に対して操作を加えるごとに1ずつ増加するものとする．

$$\begin{bmatrix} 3 & 1 & 4 & 1 \\ 2 & 3 & 5 & 10 \\ -1 & 2 & 3 & 11 \end{bmatrix} \begin{matrix} (1) \\ (2) \\ (3) \end{matrix}$$

次に $a_{11}^{(1)}$ が1となるように，$a_{11}^{(1)}(=3)$ で（1）行目を割る．

$$\begin{bmatrix} 1 & 1/3 & 4/3 & 1/3 \\ 2 & 3 & 5 & 10 \\ -1 & 2 & 3 & 11 \end{bmatrix} \begin{matrix} (1)'=(1)/a_{11}^{(1)} \\ (2) \\ (3) \end{matrix}$$

$a_{21}^{(1)}$，$a_{31}^{(1)}$ が0になるよう $(1)'$ 行に $-a_{21}^{(1)}$，$-a_{31}^{(1)}$ を掛けて（2），（3）行に加える（この操作を**掃き出し**という）．

$$\begin{bmatrix} 1 & 1/3 & 4/3 & 1/3 \\ 0 & 7/3 & 7/3 & 28/3 \\ 0 & 7/3 & 13/3 & 34/3 \end{bmatrix} \begin{matrix} (1)' \\ (2)'=(2)-a_{21}^{(1)}\times(1)' \\ (3)'=(3)-a_{31}^{(1)}\times(1)' \end{matrix}$$

$a_{22}^{(1)}$ が1となるように，$a_{22}^{(2)}(=7/3)$ で $(2)'$ 行目を割る．

$$\begin{bmatrix} 1 & 1/3 & 4/3 & 1/3 \\ 0 & 1 & 1 & 4 \\ 0 & 7/3 & 13/3 & 34/3 \end{bmatrix} \begin{matrix} (1)' \\ (2)''=(2)'/a_{22}^{(2)} \\ (3)' \end{matrix}$$

第2列に対して要素 $a_{12}^{(2)}$，$a_{32}^{(2)}$ が0となるよう掃き出しを行う．

$$\begin{bmatrix} 1 & 0 & 1 & -1 \\ 0 & 1 & 1 & 4 \\ 0 & 0 & 2 & 2 \end{bmatrix} \begin{matrix} (1)''=(1)'-a_{12}^{(2)}\times(2)'' \\ (2)'' \\ (3)''=(3)'-a_{32}^{(2)}\times(2)'' \end{matrix}$$

$a_{33}^{(3)}$ が1となるように，$a_{33}^{(3)}(=2)$ で $(3)''$ 行目を割る．

$$\begin{bmatrix} 1 & 0 & 1 & -1 \\ 0 & 1 & 1 & 4 \\ 0 & 0 & 1 & 1 \end{bmatrix} \begin{matrix} (1)'' \\ (2)'' \\ (3)'''=(3)''/a_{33}^{(3)} \end{matrix}$$

第3列に対して $a_{13}^{(4)}$，$a_{23}^{(4)}$ の要素が0となるよう掃き出しを行う．

$$\begin{bmatrix} 1 & 0 & 0 & -2 \\ 0 & 1 & 0 & 3 \\ 0 & 0 & 1 & 1 \end{bmatrix} \begin{matrix} (1)'''=(1)''-a_{13}^{(3)}\times(3)''' \\ (2)''=(2)''-a_{23}^{(3)}\times(3)''' \\ (3)''' \end{matrix}$$

上記の網掛けの部分が単位行列となれば掃き出し操作が終了となる．連立方程式の解は右端の列より，$x=-2$，$y=3$，$z=1$ と求まる．

上記の操作において掃き出しを行うための軸となる対角線上の要素 $a_{kk}^{(k)}\ (k=1,2,\cdots,n)$ を**ピボット**（pivot）という．ある k に対して，ピボットが $a_{kk}^{(k)}=0$ である場合には，ピボットで割ることができないため上記の計算ができない．また，ピボットが微小である場合も丸め誤差（17頁参照）が生じ，計算誤差が大きくなる．そこで，例題4.1で述べたようにピボットの絶対値が最大になるよう行の入れ替えを行うことが重要となる．この操作を**ピボット選択**という．以下に行交換によるピボット操作のアルゴリズムを示す．なお，ピボット操作には列交換によるものもあるが，本書では簡易的な行交換によるピボット操作のみを扱う．

行交換によるピボット操作のアルゴリズム

① 初期設定
ピボット $a_{ik}^{(k)}\ (i=k,k+1,\cdots,n)$ の中で絶対値が最大となる要素を $a_{\max}$ とし，その初期値を $a_{\max}=a_{kk}^{(k)}$，$i_{\max}=k$ と設定する．

② 最大ピボットの探索
$i=k+1,k+2,\cdots,n$ に対して，$|a_{ik}^{(k)}|>|a_{\max}|$ であれば，$a_{\max}=a_{ik}^{(k)}$ とし，そのときの行番号を $i_{\max}=i$ と更新する．

③ ピボットの交換
$i_{\max}\neq k$ であれば，$a_{kj}^{(k)}, b_k^{(k)}$ と $a_{i_{\max}j}^{(k)}, b_{i_{\max}}^{(k)}$ の行交換を行う．

[例題4.2]　次の連立1次方程式をガウス・ジョルダンの消去法を用いて小数点以下3桁の精度で解く場合に，ピボット選択を行う場合と行わない場合での計算結果を比較せよ．

$$\begin{cases} 0.0001x+1y=1 \\ \qquad\quad 1x+2y=3 \end{cases}$$

（解答）　まず，ピボット選択を行わずにガウス・ジョルダンの消去法で解くと以下のようになる．

$$\begin{bmatrix} 0.0001 & 1 & 1 \\ 1 & 2 & 3 \end{bmatrix} \Rightarrow \begin{bmatrix} 1 & 10000 & 10000 \\ 0 & -9998 & -9997 \end{bmatrix} \Rightarrow \begin{bmatrix} 1 & 10000 & 10000 \\ 0 & 1 & 1 \end{bmatrix} \Rightarrow \begin{bmatrix} 1 & 0 & 0 \\ 0 & 1 & 1 \end{bmatrix}$$

よって，$x=0$，$y=1$ となる．

次に，行を入れ換えてピボット選択を行うと以下のようになる．

$$\begin{bmatrix} 1 & 2 & 3 \\ 0.0001 & 1 & 1 \end{bmatrix} \Rightarrow \begin{bmatrix} 1 & 2 & 3 \\ 0 & 0.9998 & 0.9997 \end{bmatrix} \Rightarrow \begin{bmatrix} 1 & 2 & 3 \\ 0 & 1 & 1 \end{bmatrix} \Rightarrow \begin{bmatrix} 1 & 0 & 1 \\ 0 & 1 & 1 \end{bmatrix}$$

よって，$x=1$，$y=1$ となる．真値は $x=1.00020\cdots$，$y=0.99989\cdots$ であり，ピボット選択を行わないと計算精度が大きく落ちることが確認できる．

例題 4.1 で示した計算過程を一般化し，ガウス・ジョルダンの消去法のアルゴリズムとしてまとめると以下のようになる．

ガウス・ジョルダンの消去法のアルゴリズム

---

n 次元連立 1 次方程式 $A\boldsymbol{x}=\boldsymbol{b}$ に対して掃き出し法を行う．

① $k=1, 2, \cdots, n$ に対して以下の操作を行う．

(i) 49 頁で示した行交換によるピボット操作のアルゴリズムの操作を行う．

(ii) ピボットを 1 にするため，第 $k\,(=1, 2, \cdots, n-1)$ 行の要素を $a_{kk}^{(k)}$ で割る．

$$a_{kj}^{(k+1)}=a_{kj}^{(k)}/a_{kk}^{(k)} \quad (j=k+1, k+2, \cdots, n)$$

$$b_k^{(k+1)}=b_k^{(k)}/a_{kk}^{(k)}$$

(iii) $i=1, 2, \cdots, n$．ただし $(i\neq k)$ に対して，以下により計算し掃き出しを行う．

$$a_{ij}^{(k+1)}=a_{ij}^{(k)}-a_{ik}^{(k)}a_{kj}^{(k+1)} \quad (j=k+1, k+2, \cdots, n)$$

$$b_i^{(k+1)}=b_i^{(k)}-a_{ik}^{(k)}b_k^{(k+1)}$$

② 拡大係数行列の係数行列部分が単位行列になるまで計算し，解は $x_1=b_1^{(n+1)}$, $x_2=b_2^{(n+1)}, \cdots, x_n=b_n^{(n+1)}$ と求まり終了する．

なお，ガウス・ジョルダンの消去法の計算回数は約 n^3 に比例する．したがって，先に述べたクラメルの公式（$n!$ に比例）と比べると効率的な計算が可能となる．

[例題 4.3] 次の連立 1 次方程式をガウス・ジョルダンの消去法で解く C 言語プログラムを作成せよ．

$$\begin{cases} 2x+2y-4z=-5 \\ 6x+y+z=2 \\ 3x+4y=-4 \end{cases}$$

(解答) プログラム例を 04-e1.c に示す．また，プログラムの実行結果は下記のとおりである．

```
-----ガウス・ジョルダンの消去法-----
A | b =
  2.000000  2.000000  -4.000000  -5.000000
  6.000000  1.000000   1.000000   2.000000
  3.000000  4.000000   0.000000  -4.000000
解：
  x_1 =    0.418605
  x_2 =   -1.313953
  x_3 =    0.802326
```

【例題 4.3 の C 言語プログラム（04_1.c)】

```
// 04_1.c - ガウス・ジョルダン法のプログラム

#include <stdio.h>
#include <stdlib.h>
#include <math.h>

#define  N  3  // 連立方程式の元数
#define TOL  1.0e-6  // 0判定基準値

void PrintMatrix2D(double M[][N + 1], int m, int n);
void SwitchMaxRow(double M[N][N + 1], int pivot);

int main()
{
        int k, i, j, J;
        double A[N][N + 1] = {
                {2, 2, -4, -5},
                {6, 1, 1, 2},
                {3, 4, 0, -4}
        };                                  //       拡大係数行列
        double pivot;  //          対角成分
        double c;           //              掃出し計算用の係数

        printf("-----ガウス・ジョルダン法-----¥n");
        printf("A | b = ¥n") ;
        PrintMatrix2D(A, 3, 4);
```

```
	// 掃出しにより係数行列を対角化する
	for(k = 0;k < N;k ++)
	{
		// 行を入れ替える
		SwitchMaxRow(A, k);

		if(fabs(A[k][k]) < TOL)
		{
			printf("一意解無し ¥n");
			exit(1);
		}
		pivot = A[k][k];

		// 対角成分で除算する
		for(j = k;j < N + 1;j ++)A[k][j] /= pivot;

		// 他の行の同列成分を 0 にする
		for(i = 0; i < N; i ++)
		{
			if(i == k)continue;

			c = A[i][k];
			for(j=k; j<N + 1; j ++)A[i][j]-= c * A[k][j];
		}
	}

	printf("解:¥n");
	for(k=0; k<N; k ++)printf("¥tx_%d=%10.6lf¥n",k + 1,A[k][N]);

	return 0;
}

//---------------------------------------------------
// 【機能】 m×n 行列 (double 型) を表示出力する
// 【引数】 A：対象の行列，m：行数，n：列数
// 【戻り値】 無し
//---------------------------------------------------
void PrintMatrix2D(double M[][N + 1], int m, int n)
{
	int k;
	int j;

	for(k = 0; k < m; k ++)
	{
```

```
                for(j = 0; j < n; j ++)
                {
                        printf("¥t%lf", M[k][j]);
                }
                printf("¥n") ;
        }
}

//----------------------------------------------------------
　【機能】 行列のある対角成分について，同列で絶対値最大の行と入れ替
える
// 【引数】 M：対象の行列，pivot：対角成分の ID
// 【戻り値】 無し
//----------------------------------------------------------
void SwitchMaxRow(double M[N][N + 1], int pivot)
{
        int   k;
        int max;
        double tmp;

        max = pivot;

        // 絶対値が最大の行を探す
        for(k = pivot + 1; k < N; k ++)
        {
                if(fabs(M[k][pivot]) > fabs(M[max][pivot]))max = k;
        }
        if(max == pivot)return;

        // 行を入れ替える
        for(k = pivot; k < N + 1; k ++)
        {
                tmp = M[pivot][k];
                M[pivot][k] = M[max][k];
                M[max][k] = tmp;
        }
}
```

4.1.2 *LU* 分解法

***LU* 分解法**（*LU* decomposition method）では，以下のように与えられた正方行列 A を $A=LU$ となるように分解する．

$$\boldsymbol{A}=\begin{bmatrix} a_{11} & a_{12} & \cdots & a_{1n} \\ a_{21} & a_{22} & \cdots & a_{2n} \\ & \cdots & \cdots & \\ a_{n1} & a_{n1} & \cdots & a_{nn} \end{bmatrix}=\begin{bmatrix} 1 & 0 & \cdots & 0 \\ l_{21} & 1 & \cdots & 0 \\ & \cdots & \cdots & 0 \\ l_{n1} & l_{n2} & \cdots & 1 \end{bmatrix}\begin{bmatrix} u_{11} & u_{12} & \cdots & u_{1n} \\ 0 & u_{22} & \cdots & u_{2n} \\ & \cdots & \cdots & \\ 0 & 0 & \cdots & u_{nn} \end{bmatrix}=\boldsymbol{L}\times\boldsymbol{U} \quad (4.6)$$

上記のように L 行列は対角要素がすべて1で，上の三角形の要素はすべて0となる**下三角形行列**（low triangular）となる．また，U 行列は，下の三角形の要素がすべて0となる**上三角形行列**（upper triangular）となる．なお，計算機で LU 行列のデータを保存する場合は，1となる対角要素と0の要素は固定されているため，L 行列と U 行列をまとめて以下のように記録することができる．

$$\begin{bmatrix} u_{11} & u_{12} & \cdots & u_{1n} \\ l_{21} & u_{22} & \cdots & u_{2n} \\ & \cdots & \cdots & \\ l_{n1} & l_{n2} & \cdots & u_{nn} \end{bmatrix} \quad (4.7)$$

以下では，簡単な例に基づき，LU 分解法の手順を説明した後，その一般的なアルゴリズムについて述べる．

[例題 4.4] 次のような行列で表された連立1次方程式を LU 分解法で解け．ただしピボットの選択は行わないものとする．

(解答)

$$\begin{bmatrix} 2 & 3 & 5 \\ 3 & 1 & 4 \\ -1 & 2 & 3 \end{bmatrix}\begin{bmatrix} x \\ y \\ z \end{bmatrix}=\begin{bmatrix} 10 \\ 1 \\ 11 \end{bmatrix}$$

ここで

$$A=\begin{bmatrix} a_{11}^{(1)} & a_{12}^{(1)} & a_{13}^{(1)} \\ a_{21}^{(1)} & a_{22}^{(1)} & a_{23}^{(1)} \\ a_{31}^{(1)} & a_{32}^{(1)} & a_{33}^{(1)} \end{bmatrix}=\begin{bmatrix} 2 & 3 & 5 \\ 3 & 1 & 4 \\ -1 & 2 & 3 \end{bmatrix}$$

を LU 分解する．

まず要素 $a_{21}^{(2)}$ と $a_{31}^{(2)}$ が0となるよう掃き出しを行う．また，掛けられた係数3/2と（$-1/2$）を，次の右のように L 行列の要素とする．

$$\begin{bmatrix} 2 & 3 & 5 \\ 0 & -7/2 & -7/2 \\ 0 & 7/2 & 11/2 \end{bmatrix} \begin{matrix} (1) \\ (2)'=(2)-3/2\times(1) \\ (3)'=(3)-(-1/2)\times(1) \end{matrix} \quad \begin{bmatrix} 1 & 0 & 0 \\ 3/2 & 1 & 0 \\ -1/2 & ? & 1 \end{bmatrix}$$

次に第2列に対して要素 $a_{32}^{(3)}$ が0になるよう掃き出しを行う．また，掛けられた係数（-1）を，次の右のように L 行列の要素とする．

$$\begin{bmatrix} 2 & 3 & 5 \\ 0 & -7/2 & -7/2 \\ 0 & 0 & 2 \end{bmatrix} \begin{matrix} (1) \\ (2)' \\ (3)''=(3)'-(-1)\times(2)' \end{matrix} \quad \begin{bmatrix} 1 & 0 & 0 \\ 3/2 & 1 & 0 \\ -1/2 & -1 & 1 \end{bmatrix}$$

上記の左側が U 行列，右側が L 行列となり，次のように表すことができる．

$$\begin{bmatrix} 2 & 3 & 5 \\ 3 & 1 & 4 \\ -1 & 2 & 3 \end{bmatrix} = \begin{bmatrix} 1 & 0 & 0 \\ 3/2 & 1 & 0 \\ -1/2 & -1 & 1 \end{bmatrix} \begin{bmatrix} 2 & 3 & 5 \\ 0 & -7/2 & -7/2 \\ 0 & 0 & 2 \end{bmatrix}$$

以上の計算過程を一般化してまとめると以下のようになる．

LU 分解法のアルゴリズム

① U 行列の第1行および L 行列の第1列を計算する．

$u_{1i}=a_{1i}\quad(i=1,\cdots,n)$（$A$ 行列の第1行を U 行列の第1行とする．）

$l_{i1}=a_{i1}/u_{11}\quad(i=2,\cdots,n)$

② 以下の反復計算を行う $(k=2,\cdots,n)$

(i) U 行列の第 k 行の要素 $(k=2,3,\cdots,n)$ を次式により求める．

$$u_{kj}=a_{kj}-\sum_{t=1}^{k-1}l_{kt}u_{tj}\ (j=k,k+1,\cdots,n) \tag{4.8}$$

(ii) L 行列の第 k 列の要素 $(k=2,3,\cdots,n)$ を次式により求める．

$$l_{ik}=\frac{a_{ik}-\sum_{t=1}^{k-1}l_{it}u_{tk}}{u_{kk}}\ (i=k,k+1,\cdots,n) \tag{4.9}$$

上記のようにL行列の対角要素を1として解くアルゴリズムを，**ドゥーリトル法**（Doolittle Algorithm）という．

なお，LU分解法においてもピボットが0もしくは0に近い値の場合，計算に支障が出るため，先に述べたガウス・ジョルダンの消去法の場合と同じくピボットの絶対値が最大になるよう行の入れ替えを行うことが必要となる．

LU分解ができれば，以下のように容易に連立1次方程式の解を求めることができる．

[例題4.5] 例題4.4の結果に基づき，以下の連立1次方程式の解を求めよ．

$$\begin{bmatrix} 2 & 3 & 5 \\ 3 & 1 & 4 \\ -1 & 2 & 3 \end{bmatrix}\begin{bmatrix} x \\ y \\ z \end{bmatrix}=\begin{bmatrix} 10 \\ 1 \\ 11 \end{bmatrix} \tag{4.10}$$

(解答) 例題4.4により以下のようにLU分解の結果が得られた．

$$\begin{bmatrix} 2 & 3 & 5 \\ 3 & 1 & 4 \\ -1 & 2 & 3 \end{bmatrix}=\begin{bmatrix} 1 & 0 & 0 \\ 3/2 & 1 & 0 \\ -1/2 & -1 & 1 \end{bmatrix}\begin{bmatrix} 2 & 3 & 5 \\ 0 & -7/2 & -7/2 \\ 0 & 0 & 2 \end{bmatrix}$$

式（4.10）を書き換えると

$$\begin{bmatrix} 1 & 0 & 0 \\ 3/2 & 1 & 0 \\ -1/2 & -1 & 1 \end{bmatrix}\begin{bmatrix} 2 & 3 & 5 \\ 0 & -7/2 & -7/2 \\ 0 & 0 & 2 \end{bmatrix}\begin{bmatrix} x \\ y \\ z \end{bmatrix}=\begin{bmatrix} 10 \\ 1 \\ 11 \end{bmatrix} \tag{4.11}$$

ここで

$$\begin{bmatrix} 2 & 3 & 5 \\ 0 & -7/2 & -7/2 \\ 0 & 0 & 2 \end{bmatrix}\begin{bmatrix} x \\ y \\ z \end{bmatrix}=\begin{bmatrix} x' \\ y' \\ z' \end{bmatrix} \tag{4.12}$$

とおけば，式（4.11）は

$$\begin{bmatrix} 1 & 0 & 0 \\ 3/2 & 1 & 0 \\ -1/2 & -1 & 1 \end{bmatrix}\begin{bmatrix} x' \\ y' \\ z' \end{bmatrix}=\begin{bmatrix} 10 \\ 1 \\ 11 \end{bmatrix}$$

と書ける．これを連立方程式の形で記せば

$$\begin{cases} x'=10 \\ 3/2x'+y'=1 \\ -1/2x'-y'+z'=11 \end{cases}$$

となる．上式に$x'\to y'\to z'$の順に上から代入していけば

$$\begin{bmatrix} x' \\ y' \\ z' \end{bmatrix} = \begin{bmatrix} 10 \\ -14 \\ 2 \end{bmatrix}$$

と求まる．これを**前進代入**（forward substitution）という．求まった結果を式(4.12)に代入すれば，

$$\begin{bmatrix} 2 & 3 & 5 \\ 0 & -7/2 & -7/2 \\ 0 & 0 & 2 \end{bmatrix} \begin{bmatrix} x \\ y \\ z \end{bmatrix} = \begin{bmatrix} 10 \\ -14 \\ 2 \end{bmatrix}$$

となる．これを連立方程式の形で記せば

$$\begin{cases} 2x+3y+5z=10 \\ -7/2y-7/2z=-14 \\ 2z=2 \end{cases}$$

となり，上式に $z' \to y' \to x'$ の順に上から代入していけば

$$\begin{bmatrix} x' \\ y' \\ z' \end{bmatrix} = \begin{bmatrix} -2 \\ 3 \\ 1 \end{bmatrix}$$

と求まる．これを**後進代入**（backward substitution）という．

以上の計算過程を一般化してまとめると以下のようになる．

LU 分解法により連立方程式を解くアルゴリズム

---

① *LU* 分解の実行

55頁のアルゴリズムに従い，$\boldsymbol{A}=\boldsymbol{LU}$ となるよう *LU* 分解を行い，

$\boldsymbol{Ux}=\boldsymbol{y}$，$\boldsymbol{Ly}=\boldsymbol{b}$ とする．

② 前進代入

$\boldsymbol{Ly}=\boldsymbol{b}$ に対して $\boldsymbol{y}=[y_1, y_2, \cdots, y_n]^T$ を前進代入により求める．

$$y_i = b_i - \sum_{t=1}^{i-1} l_{it} y_t \tag{4.13}$$

③ 後退代入

$\boldsymbol{y}=[y_1, y_2, \cdots, y_n]^T$ を $\boldsymbol{Ux}=\boldsymbol{y}$ に代入し，次式により解 $\boldsymbol{x}=[x_1, x_2, \cdots, x_n]^T$ を求める．

$$x_i = \left(y_i - \sum_{t=i+1}^{n} u_{it} x_t\right) \frac{1}{u_{ii}} \tag{4.14}$$

LU 分解法の計算回数は約 n^3 に比例し，先に述べたガウス・ジョルダンの

消去法と同様に効率的な計算が可能となる．なお，数値計算においては分解した L, U 行列を繰り返し使うことがあり，そのような場合は LU 分解を最初に1度だけ行えばよいので，ガウス・ジョルダンの消去法よりも計算効率が高くなる．

[例題 4.6]　次の行列を LU 分解するプログラムを C 言語により作成せよ．

(解答)　プログラム例を 04_2.c に示す．また，プログラムの実行結果は下記のとおりである．

```
-----LU 分解-----
A = LU =
  2.000000  4.000000  -10.000000
  1.000000  6.000000    7.000000
  3.000000  5.000000  -13.000000
L =
  1.000000   0.000000  0.000000
  0.500000   1.000000  0.000000
  1.500000  -0.250000  1.000000

U =
  2.000000  4.000000  -10.000000
  0.000000  4.000000   12.000000
  0.000000  0.000000    5.000000
```

【例 4.6 の C 言語プログラム (04_2.c)】

```
// 04-e2.c - LU 分解のプログラム(ガウスの消去法, Doolittle 法)

#include <stdio.h>
#include <math.h>

#define N      3                    // 行列の次元数
#define TOL    1.0e-6   // 0 判定基準値

void PrintMatrixD(double M[N][N]);
void PrintLUMatrixD(double M[N][N]);

int main()
{
```

```
	int i, j, k, t;
	double A[N][N] = {
			{ 2, 4, -10 },
			{ 1, 6, 7 },
			{ 3, 5, -13 }
	};		// 行列
	double tmp;

	printf("-----LU 分解-----¥n");
	printf("A = LU = ¥n");
	PrintMatrixD(A);

	// L 行列の第1列を計算する
	for(i = 1; i < N; i ++)A[i][0] /= A[0][0];

	for(k = 1; k < N; k ++)
	{
		// U 行列の行を計算する
		for(j = k; j < N; j ++)
		{
			tmp = 0.0;
			for(t=0; t<k; t ++)tmp += A[k][t] * A[t][j];
			A[k][j] -= tmp;
		}

		// L 行列の列を計算する
		for(i = k + 1; i < N; i ++)
		{
			tmp = 0.0;
			for(t=0; t < k; t ++)tmp += A[i][t] * A[t][k];
			A[i][k] =(A[i][k] - tmp)/ A[k][k];
		}
	}
	PrintLUMatrixD(A);

	return 0;
}

//----------------------------------------------
// 【機能】 N×N 行列(double 型)を表示出力する
// 【引数】 M：対象の行列
// 【戻り値】 PrintMatrixD
//----------------------------------------------
```

```
void PrintMatrixD(double M[N][N])
{
        int i;
        int j;

        for(i = 0; i < N; i ++)
        {
                for(j = 0; j < N; j ++)
                {
                        printf("¥t%lf", M[i][j]);
                }
                printf("¥n");
        }
}

//------------------------------------------------------------
// 【機能】 LU 分解後の N×N 行列(double 型)を表示出力する
// 【引数】 M：対象の行列
// 【戻り値】 無し
//------------------------------------------------------------
void PrintLUMatrixD(double M[N][N])
{
        int i;
        int j;

        // L 行列を表示する
        printf("L = ¥n");
        for(i = 0; i < N; i ++)
        {
                for(j = 0; j < i; j ++)printf("¥t%lf", M[i][j]);
                printf("¥t%lf", 1.0);
                for(j = i + 1; j < N; j ++)printf("¥t%lf", 0.0);
                printf("¥n");
        }
        // U 行列を表示する
        printf("¥nU = ¥n");
        for(i = 0; i < N; i ++)
        {
                for(j = 0; j < i; j ++)printf("¥t%lf", 0.0);
                for(j = i; j < N; j ++)printf("¥t%lf", M[i][j]);
                printf("¥n");
```

```
        }
    }
```

4.2 ガウス・ザイデルの反復法

ガウス・ジョルダンの消去法や LU 分解法などの直接法は，あらかじめ定められた有限回のステップで計算誤差がなければ厳密解が求められたが，反復法は適当な初期値から出発して近似解に収束させるものである．未知数の多い連立１次方程式の数値解法では反復法が用いられることが多い．

以下では，例として連立１次方程式

$$\begin{cases} 9x-2y+3z=22 \\ x+10y+4z=-7 \\ -x+2y+8z=19 \end{cases}$$

をガウス・ザイデルの反復法で解いてみよう．まず上式を以下のように変形する．

$$\begin{cases} x=\dfrac{1}{9}(\ 22+2y-3z) \\ y=\dfrac{1}{10}(-7-x-4z) \\ z=\dfrac{1}{8}(\ 19+x-2y) \end{cases}$$

初期値を $x=0, y=0, z=0$ として，第１式に $y=0, z=0$ を代入すれば

$$x=\frac{22}{9}$$

と得られる．次に，$x=\dfrac{22}{9}, z=0$ を第２式に代入すると

$$y=-\frac{85}{90}$$

と得られる．さらに，$x=\dfrac{22}{9}, y=-\dfrac{85}{90}$ を第３式に代入すると

$$z=\frac{210}{72}$$

と得られる．引き続き，第１式に $x=\dfrac{22}{9}$，$y=-\dfrac{85}{90}$，$z=\dfrac{210}{72}$ を代入し，同様

表4.2 ガウス・ザイデルの反復法による計算結果

計算回数	x	y	z
0	0	0	0
1	2.444444	-0.94444	2.916667
2	1.262346	-1.9929	3.031019
3	0.991238	-2.01153	3.001788
4	0.996842	-2.0004	2.999705
5	1.00001	-1.99988	2.999972
6	1.000035	-1.99999	3.000002
7	1.000001	-2	3
8	1	-2	3

の計算を続けていくと表4.2のようになる．解の真値は $x=1$, $y=-2$, $z=3$ であり，いずれも真値に収束することがわかる．

以上の計算過程を一般化してまとめると以下のようになる．

ガウス・ザイデルの反復法のアルゴリズム

n 元連立1次方程式

$$\begin{cases} a_{11}x_1+a_{12}x_2+\cdots+a_{1n}x_n=b_1 \\ a_{21}x_1+a_{22}x_2+\cdots+a_{2n}x_n=b_2 \\ \qquad\cdots \\ a_{n1}x_1+a_{n2}x_2+\cdots+a_{nn}x_n=b_n \end{cases} \tag{4.15}$$

に対して，以下のアルゴリズムにより近似解を得る．

① 初期設定

初期値として $x_1^{(0)}=x_2^{(0)}=\cdots=x_n^{(0)}=0$ とする（他の適当な値でもよい）．反復回数 $k=0$, 誤差限界 $\varepsilon=10^{-6}$, 最大反復回数 $k_{\max}=30$ とする．

② 反復計算

$k+1$ 回目の近似値を次式により計算する．

$$x_i^{(k+1)}=\frac{1}{a_{ii}}\left\{b_i-\sum_{j=1}^{i-1}a_{ij}x_j^{(k+1)}-\sum_{j=i+1}^{n}a_{ij}x_j^{(k)}\right\} \tag{4.16}$$

③ 収束条件

$|x_i^{(k+1)}-x_i^{(k)}|<\varepsilon$ $(i=1, 2, \cdots, n)$ を満たせば収束と判定し終了．あるいは，$k>k_{\max}$ となったら収束しないと判定して終了する．

ガウス・ザイデルの反復法では，必ずしも厳密解に収束するとは限らない．収束するための十分条件の1つに以下の条件がある．

$$|a_{ii}| > \sum_{j \neq i, j=1}^{n} |a_{ij}| \quad (i=1, 2, \cdots, n) \tag{4.17}$$

すなわち，係数行列 A 行列の対角要素の絶対値がその行の対角要素以外の要素の絶対値の総和よりも大きければ収束するというものである（これを**対角優越な行列**という）．しかし，これは十分条件であるので，この条件を満たさなくても収束する場合がある．一般的には，係数行列の対角要素が他の要素より相対的に大きければ収束する可能性が高いと考えられる．

［例題 4.7］ 次の連立1次方程式を Excel を用いてガウス・ザイデル法で解け．

$$\begin{cases} 3x+2y+\ \ z=10 \\ x+4y+\ \ z=12 \\ 2x+2y+5z=21 \end{cases}$$

（解答）

1） まず方程式の係数行列および定数項 A，b を図 4.1 のように入力する．

2） セル B7，B8，B9 に初期値「0」を入れる．

3） 上記で説明した式変形に基づき，セル C7，C8，C9 を以下のように入力する．

〈セル設定〉

C7 セル	= ($F2-$C2*B8-$D2*B9)/$B2	$\{x=(10-\ 2y-1z)/3\}$
C8 セル	= ($F3-$B3*C7-$D3*B9)/$C3	$\{y=(12-\ x\ -z)/4\}$
C9 セル	= ($F4-$B4*C7-$C4*C8)/$D4	$\{z=(21-\ 2x\ -2y)/5\}$

ただし，$ はセルを絶対参照する場合に用いる．Excel のセルの指定は通常は相対参照（数式をコピーしたとき，コピー先でそこのセル範囲に合わせて行番号と列番号が変化する参照方法）だが，行・列を固定させる参照方法を使いたい場合は，$ を付けて絶対参照によりセルを指定する．たとえば，A1（絶対参照），A$1（絶対行

C7　=($F2-$C2*B8-$D2*B9)/$B2

	A	B	C	D	E	F	G	H	I	J	K	L	M	N	O
1		A=				b									
2		3	2	1		10									
3		1	4	1		12									
4		2	2	5		21									
5															
6	近似回数	0	1	2	3	4	5	6	7	8	9	10	11	12	13
7	x=	0	3.333333	1.222222	0.925926	0.958025	0.989547	0.998966	1.000318	1.000185	1.000047	1.000005	0.999999	0.999999	1
8		0	2.166667	2.194444	2.060185	2.009105	1.999326	1.999146	1.999732	1.999959	2.000003	2.000004	2.000001	2	2
9		0	2	2.833333	3.005556	3.013148	3.004451	3.000755	2.99998	2.999942	2.99998	2.999997	3	3	3
10	err=	-	3.333333	2.111111	0.296296	0.05108	0.031523	0.009418	0.001352	0.000227	0.000139	4.2E-05	6.16E-06	1.01E-06	6.09E-07

図 4.1 ガウス・ザイデル法による解法（04_3.xlsx）

参照），$A1（絶対列参照）などのように用いる．

4）　誤差の最大値を以下のように入力する．

C10 セル　= MAX(ABS(B7-C7), ABS(B8-C8), ABS(B9-C9))

$\{|x_i^{(k+1)} - x_i^{(k)}| < \varepsilon \ (i = 1, 2, 3)\}$

5）　B7～B9 セルを指定して右にドラッグし，オートフィルにより式を O 列まで入力する．

［例題 4.8］　例題 4.7 の連立1次方程式を MATLAB を用いてガウス・ザイデル法で解け．

（解答）　プログラム例を e043.m に示す．また，プログラムの実行結果は下記のとおりである．この結果より 13 回の計算で収束していることがわかる．

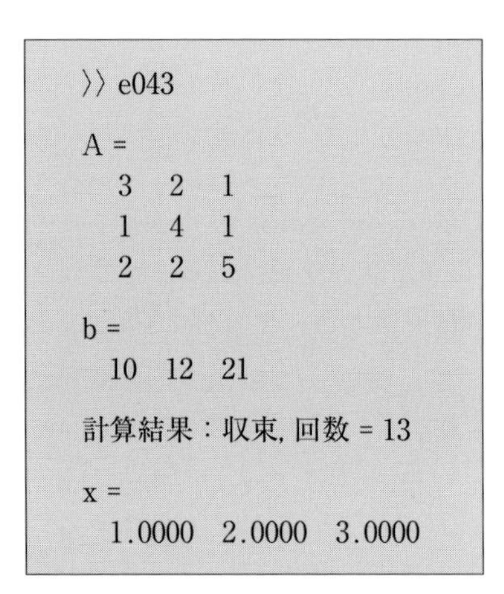

```
>> e043

A =
   3  2  1
   1  4  1
   2  2  5

b =
   10  12  21

計算結果：収束, 回数 = 13

x =
   1.0000   2.0000   3.0000
```

【例題 4.6 の MATLAB メインプログラム（e043.m）】

```
% ガウス・ザイデル法のプログラム

% 行列の定義
A = [3 2 1 ; 1 4 1 ; 2 2 5]  % 係数行列
b = [10 12 21]   % 定数行列

% ガウスザイデル法を実行する
x = gaussSeidel(A,b);
```

【上記から呼び出される関数　(gaussSeidel.m)】

```
function x = gaussSeidel(A,b)
%    機能:  ガウス・ザイデル法で近似解を求める
%    A:  係数行列
%    b:  定数行列

TOL  = 1.0e-6;    % 許容誤差
IMAX = 100;        % 最大反復計算回数
N = length(A);  % 係数行列の最大次元
x = [0 0 0];       % 近似解

for ii=1 : IMAX
     err = 0.0;    % 繰り返し毎の近似解の最大誤差
     for i=1:N
          tmp = b(i);
          % 新しい近似解を求める
          for j=1:N
               if (j ~= i)
                    tmp = tmp - A(i,j) * x(j);
               end
          end
          x_new = tmp / A(i,i);      % i 回目の近似解

          % 最大誤差を求める
          tmp = abs(x_new - x(i));
          if (tmp > err)
               err = tmp;
          end

          % 近似解を更新する
          x(i) = x_new;
  end

  % 収束を判定する
  if (err < TOL)
          str = ['計算結果:  収束, 回数 = ', num2str(ii)];
          disp(str);
          return
  end
end
disp('計算結果:  収束不能')
```

〈演習問題〉

4.1 ガウス・ジョルダンの消去法，LU分解法，ガウス・ザイデル法の手法，特徴を比較してまとめよ．

4.2 ガウス・ジョルダンの消去法，LU分解法，ガウス・ザイデル法の計算アルゴリズム（50頁，55頁，62頁）のそれぞれのパートに対応するプログラム部分を例題4.3,4.6のC言語プログラムおよび例題4.8のMATLABプログラムから抜き出して説明せよ．

4.3 例題4.3の問題を，ガウス・ジョルダンの消去用によるExcel，MATLABプログラムにより解け．

4.4 例題4.6の問題を，LU分解法によるExcel，MATLABプログラムにより解け．

4.5 例題4.7（4.8）の問題を，ガウス・ザイデル法によるC言語プログラムにより解け．

4.6 次の連立1次方程式をガウス・ザイデル法で解け．

$$
\begin{cases}
5x+2y+3z+4w=2 \\
5x+7y+8z+6w=4 \\
x+5y+7z+5w=6 \\
2x+3y+2z+8w=8
\end{cases}
$$

5 行列の計算

章の要約

本章では行列式と逆行列，行列の固有値や固有ベクトルの数値計算法について述べる．行列式や逆行列の計算では，4 章で述べた LU 分解などの連立 1 次方程式の解法を応用することで求めることができる．一方，一般的な行列に対する固有値や固有ベクトルを求める数値計算は少し複雑であるため，本章では対称行列に対して適用できるヤコビ法について述べる．

5.1 行列式の計算

行列式は，逆行列の存在の判別や線形代数学における各種計算に有用である．行列式を数値計算で求めるのには前章で述べた LU 分解を用いることができる．正方行列 A の LU 分解が $\boldsymbol{A}=\boldsymbol{LU}$ のとき，その行列式は，$|\boldsymbol{A}|=|\boldsymbol{L}||\boldsymbol{U}|$ と表せる．すなわち

$$|A|=\begin{vmatrix} a_{11} & a_{12} & \cdots & a_{1n} \\ a_{21} & a_{22} & \cdots & a_{2n} \\ & \cdots & \cdots & \\ a_{n1} & a_{n2} & \cdots & a_{nn} \end{vmatrix}=\begin{vmatrix} 1 & 0 & \cdots & 0 \\ l_{21} & 1 & \cdots & 0 \\ & \cdots & \cdots & 0 \\ l_{n1} & l_{n2} & \cdots & 1 \end{vmatrix}\begin{vmatrix} u_{11} & u_{12} & \cdots & u_{1n} \\ 0 & u_{22} & \cdots & u_{2n} \\ & \cdots & \cdots & \\ 0 & 0 & \cdots & u_{nn} \end{vmatrix} \tag{5.1}$$

となる．ここで，三角行列の行列式は対角成分の積に等しいことから

$$|A|=u_{11}u_{22}\cdots u_{nn} \tag{5.2}$$

ただし，LU 分解の計算過程においてピボット選択をするために行を交換する

場合は，交換ごとに行列式の符号が反転する．そこで，交換回数を m とすれば，行列式は

$$|\boldsymbol{A}|=(-1)^m u_{11}u_{22}\cdots u_{nn} \tag{5.3}$$

となる．

行列式の計算のアルゴリズム

① 初期値の設定

$m=0$

② 前進消去により U 行列を求める

$k=1, 2, \cdots, n-1$ に対して

(i) ピボットの選択と行交換（49 頁参照）を行い，行交換があれば m=m+1 とする．

(ii) $i=k+1, k+2, \cdots, n$ に対して

$p=a_{ik}/a_{kk}$

$a_{ij}=a_{ij}-pa_{kj}$ $(j=k+1, k+2, \cdots, n)$

③ 行列式の計算

$$|A|=(-1)^m a_{11}a_{22}\cdots a_{nn}$$

[例題 5.1]

行列 $|A|=\begin{vmatrix} 2 & 3 & 5 \\ 3 & 1 & 4 \\ -1 & 2 & 3 \end{vmatrix}$ の行列式を求めよ．

(解答) まず，ピボット選択を行う．a_{11} の絶対値が最大となるよう1行目と2行目を交換する．

$$|A|=(-1)\begin{vmatrix} 3 & 1 & 4 \\ 2 & 3 & 5 \\ -1 & 2 & 3 \end{vmatrix} \quad \begin{matrix} (1) \\ (2) \\ (3) \end{matrix}$$

以下のように第2，3行について掃き出しを行う．

$$|A|=(-1)\begin{vmatrix} 3 & 1 & 4 \\ 0 & 7/3 & 7/3 \\ 0 & 7/3 & 13/3 \end{vmatrix} \quad \begin{matrix} (1) \\ (2)'=(2)-2/3\times(1) \\ (3)'=(3)-(-1/3)\times(1) \end{matrix}$$

$$|A|=(-1)\begin{vmatrix}3 & 1 & 4\\ 0 & 7/3 & 7/3\\ 0 & 0 & 2\end{vmatrix}\begin{matrix}(1)\\ (2)'\\ (3)''=(3)'-(-1)\times(2)'\end{matrix}$$

よって行列式は下記のように求められる．

$$|A|=(-1)\cdot 3\cdot(7/3)\cdot 2=-14$$

なお，上記の行列 A では対角要素に 0 がなく，非対角要素との絶対値の差も大きくないことから，ピボット選択をせずに，例題 4.2 の U 行列 $\begin{bmatrix}2 & 3 & 5\\ 0 & -7/2 & -7/2\\ 0 & 0 & 2\end{bmatrix}$ から $|A|=2\cdot(-7/2)\cdot 2=-14$ と求めても同じ結果が得られる．

[例題 5.2]　行列式 $|A|=\begin{vmatrix}2 & 3 & 5\\ 3 & 1 & 4\\ -1 & 2 & 3\end{vmatrix}$ を求めるプログラムを C 言語で作成せよ．

(解答)　プログラム例を 05_1.c に示す．また，プログラムの実行結果は下記のとおりである．

```
-----行列式（LU 分解）-----
A = LU =
          2.000000     3.000000     5.000000
          3.000000     1.000000     4.000000
         -1.000000     2.000000     3.000000
L =
          1.000000     0.000000     0.000000
          0.666667     1.000000     0.000000
         -0.333333     1.000000     1.000000

U =
          3.000000     1.000000     4.000000
          0.000000     2.333333     2.333333
          0.000000     0.000000     2.000000

| A | = -14.000000
```

【例題 5.2 の C 言語プログラム（05_1.c)】

```
// 05_1.c - 行列式のプログラム（LU 分解 - Doolittle 法）

#include <stdio.h>
#include <math.h>

#define     N       3       // 行列の次元数
#define TOL   1.0e-6     // 0 判定基準値

void PrintMatrixD(double M[N][N]);
void PrintLUMatrixPD(double M[N][N]);
int PivotRow(double M[N][N], int diag, int *pid);

int main()
{
        int i, j, k;
        int tmp, ret;
        int pivot[N];  // ピボット選択記録
        int pid;                    // ピボット選択した行 ID
        double A[N][N] = {
                { 2, 3, 5 },
                { 3, 1, 4 },
                { -1, 2, 3 }
        };
        double detA = 1.0;          // 行列式 |A|
        double m = 0;
        double dtmp;

        printf("-----行列式（LU 分解)-----¥n");
        printf("A = LU =¥n");
        PrintMatrixD(A);

        for (i = 0; i < N; i ++) pivot[i] = i;

        // 行を入れ替える
        ret = PivotRow(A, 0, &pid);
        if (ret > 0)
        {
                // ピボット選択記録を取る
                tmp = pivot[0];
                pivot[0] = pid;
                pivot[pid] = tmp;
```

```
			m ++;
		}
		else if (ret < 0)
		{
			printf(">> 掃出し不能 ¥n");
			return 1;
		}

		// L 行列の第 1 列を計算する
		for (i = 1; i < N; i ++) A[i][0] /= A[0][0];

		for (i = 1; i < N; i ++)
		{
			// U 行列の行を計算する
			for (j = i; j < N; j ++)
			{
				for (k = i; k < N; k ++) A[j][k] -= A[j][i - 1] * A
[i - 1][k];
			}

			if (i < (N - 1))
			{
				// 行を入れ替える
				ret = PivotRow(A, i, &pid);
				if (ret > 0)
				{
					// ピボット選択記録を取る
					tmp = pivot[i];
					pivot[i] = pid;
					pivot[pid] = i;
					m ++;

					// L 行列を入れ替える
					for (j = 0; j < i; j ++)
					{
						dtmp = A[i][j];
						A[i][j] = A[pid][j];
						A[pid][j] = dtmp;
					}
				}
				else if (ret < 0)
```

```
                {
                        printf("〉〉 掃出し不能 ¥n");
                        return 1;
                }
            }

            // L 行列の列を計算する
            for (j = i + 1; j 〈 N; j ++) A[j][i] /= A[i][i];
        }

        PrintLUMatrixPD(A);

        // 行列式を求める
        for (i = 0; i 〈 N; i ++) detA *= A[i][i];
        for (i = 0; i 〈 m; i ++) detA *= -1.0;
        printf("¥n| A | = %10.6lf¥n", detA);

        return 0;
}

//-----------------------------------------------
// 【機能】 N×N 行列 (double 型) を表示出力する
// 【引数】 M: 対象の行列
// 【戻り値】 無し
//-----------------------------------------------
void PrintMatrixD(double M[N][N])
{
        int i;
        int j;

        for (i = 0; i 〈 N; i ++)
        {
            for (j = 0; j 〈 N; j ++)
            {
                printf("¥t%lf", M[i][j]);
            }
            printf("¥n");
        }
}


//------------------------------------------------------
// 【機能】 LU 分解後の N × N 行列 (double 型) を表示出力する
```

```
//             (ピボット選択有り)
// 【引数】 M: 対象の行列
// 【戻り値】 無し
//---------------------------------------------------------
void PrintLUMatrixPD(double M[N][N])
{
	int i;
	int j;

	// L 行列を表示する
	printf("L =¥n");
	for (i = 0; i < N; i ++)
	{
		for (j = 0; j < i; j ++) printf("¥t%lf", M[i][j]);
		printf("¥t%lf", 1.0);
		for (j = i + 1; j < N; j ++) printf("¥t%lf", 0.0);
		printf("¥n");
	}

	// U 行列を表示する
	printf("¥nU =¥n");
	for (i = 0; i < N; i ++)
	{
		for (j = 0; j < i; j ++) printf("¥t%lf", 0.0);
		for (j = i; j < N; j ++) printf("¥t%lf", M[i][j]);
		printf("¥n");
	}
}


//-------------------------------------------------------------------
// 【機能】 行列のある対角成分について，同列で絶対値最大の行と入れ替
える
// 【引数】 M: 対象の行列，diag: 対角成分 ID，pid: 最大の行 ID のポイン
タ
// 【戻り値】 入れ替えフラグ(-1: 掃出し不能，0: 入れ替え無し，1: 有り)
//-------------------------------------------------------------------
int PivotRow(double M[N][N], int diag, int *pid)
{
	int	i;
	double tmp;
```

```
        double pivot;      // ピボット値

        *pid = diag;

        // 絶対値が最大の行を探す
        for (i = diag + 1; i < N; i ++)
        {
                if (fabs(M[i][diag]) > fabs(M[*pid][diag])) *pid = i;
        }
        if (*pid == diag)
        {
                if (fabs(M[diag][diag]) < TOL) return -1;
                else return 0;
        }

        // 行を入れ替える
        for (i = diag; i < N; i ++)
        {
                tmp = M[diag][i];
                M[diag][i] = M[*pid][i];
                M[*pid][i] = tmp;
        }

        return 1;
}
```

Excel と MATLAB で行列式を求める方法

Excel には行列式を計算する MDETERM という関数が用意されている．計算の手順は以下のとおりである．

1. 正方行列 A を入力（A2～C4）．
2. E2 に" = MDETERM（A2 : C4)"と入力

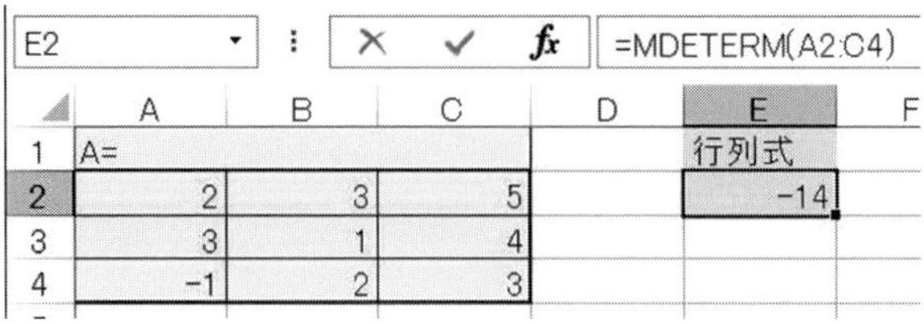

E2 =MDETERM(A2:C4)

	A	B	C	D	E	F
1	A=				行列式	
2	2	3	5		−14	
3	3	1	4			
4	−1	2	3			

図 5.1 Excel による逆行列の計算

以上により，図 5.1 のように計算できる．

一方，MATLAB では，標準で正方行列 A の行列式を求める det ( ) を使うことができる．たとえば

```
A = [2 3 5 ; 3 1 4 ; -1 2 3]
d = det (A)
```

と入力すれば

```
d = - 14.0000
```

のように結果が得られる．

5.2 逆行列の計算

以下では，LU 分解を用いて逆行列を求める方法について説明する．単位行列を $\boldsymbol{I}$ とすると

$$\boldsymbol{A}\boldsymbol{A}^{-1}=\boldsymbol{L}\boldsymbol{U}\boldsymbol{A}^{-1}=\boldsymbol{I} \tag{5.4}$$

と表される．ここで，$\boldsymbol{U}\boldsymbol{A}^{-1}=\boldsymbol{Y}$ とおけば，上式は

$$\boldsymbol{L}\boldsymbol{Y}=\boldsymbol{I} \tag{5.5}$$

と書けるので，57 頁で述べた前進代入により $\boldsymbol{Y}$ を求めることができる．ここで，下三角行列の逆行列（つまり $\boldsymbol{L}^{-1}$）は下三角行列であり，$\boldsymbol{L}$ のすべての対角要素が 1 であることから，$\boldsymbol{Y}$ は対角要素がすべて 1 の下三角行列となる．$\boldsymbol{Y}$ が求まったら，$\boldsymbol{U}\boldsymbol{A}^{-1}=\boldsymbol{Y}$ より $\boldsymbol{A}^{-1}$ を後退代入により計算することができる．

[例題 5.3]　次の行列の逆行列を LU 分解を用いて求めよ．

$$\boldsymbol{A}=\begin{bmatrix} 2 & 3 & 5 \\ 3 & 1 & 4 \\ -1 & 2 & 3 \end{bmatrix}$$

（解答）　例題 4.4 の結果より

$$\boldsymbol{A}=\begin{bmatrix} 2 & 3 & 5 \\ 3 & 1 & 4 \\ -1 & 2 & 3 \end{bmatrix}=\begin{bmatrix} 1 & 0 & 0 \\ 3/2 & 1 & 0 \\ -1/2 & -1 & 1 \end{bmatrix}\begin{bmatrix} 2 & 3 & 5 \\ 0 & -7/2 & -7/2 \\ 0 & 0 & 2 \end{bmatrix}=\boldsymbol{L}\times\boldsymbol{U}$$

$\boldsymbol{L}\boldsymbol{Y}=\boldsymbol{I}$ より

$$\begin{bmatrix} 1 & 0 & 0 \\ 3/2 & 1 & 0 \\ -1/2 & -1 & 1 \end{bmatrix}\begin{bmatrix} y_{11} & y_{12} & y_{13} \\ y_{21} & y_{22} & y_{23} \\ y_{31} & y_{32} & y_{33} \end{bmatrix}=\begin{bmatrix} 1 & 0 & 0 \\ 0 & 1 & 0 \\ 0 & 0 & 1 \end{bmatrix}$$

上記を解くことは，以下の式をそれぞれ解くことと同じである．

$$\begin{bmatrix} 1 & 0 & 0 \\ 3/2 & 1 & 0 \\ -1/2 & -1 & 1 \end{bmatrix}\begin{bmatrix} y_{11} \\ y_{21} \\ y_{31} \end{bmatrix}=\begin{bmatrix} 1 \\ 0 \\ 0 \end{bmatrix}$$

$$\begin{bmatrix} 1 & 0 & 0 \\ 3/2 & 1 & 0 \\ -1/2 & -1 & 1 \end{bmatrix}\begin{bmatrix} y_{12} \\ y_{22} \\ y_{32} \end{bmatrix}=\begin{bmatrix} 0 \\ 1 \\ 0 \end{bmatrix}$$

$$\begin{bmatrix} 1 & 0 & 0 \\ 3/2 & 1 & 0 \\ -1/2 & -1 & 1 \end{bmatrix}\begin{bmatrix} y_{13} \\ y_{23} \\ y_{33} \end{bmatrix}=\begin{bmatrix} 0 \\ 0 \\ 1 \end{bmatrix}$$

これらはそれぞれ，57 頁で述べた前進代入を使って以下のように計算結果が求まる．

$$\begin{bmatrix} y_{11} & y_{12} & y_{13} \\ y_{21} & y_{22} & y_{23} \\ y_{31} & y_{32} & y_{33} \end{bmatrix}=\begin{bmatrix} 1 & 0 & 0 \\ -3/2 & 1 & 0 \\ -1 & 1 & 1 \end{bmatrix}$$

次に，$\boldsymbol{U}\boldsymbol{A}^{-1}=\boldsymbol{Y}$ より

$$\begin{bmatrix} 2 & 3 & 5 \\ 0 & -7/2 & -7/2 \\ 0 & 0 & 2 \end{bmatrix}\begin{bmatrix} a'_{11} & a'_{12} & a'_{13} \\ a'_{21} & a'_{22} & a'_{23} \\ a'_{31} & a'_{32} & a'_{33} \end{bmatrix}=\begin{bmatrix} 1 & 0 & 0 \\ -3/2 & 1 & 0 \\ -1 & 1 & 1 \end{bmatrix}$$

上記を解くことは，以下の式をそれぞれ解くことと同じである．

$$\begin{bmatrix} 2 & 3 & 5 \\ 0 & -7/2 & -7/2 \\ 0 & 0 & 2 \end{bmatrix}\begin{bmatrix} a'_{11} \\ a'_{21} \\ a'_{31} \end{bmatrix}=\begin{bmatrix} 1 \\ -3/2 \\ -1 \end{bmatrix}$$

$$\begin{bmatrix} 2 & 3 & 5 \\ 0 & -7/2 & -7/2 \\ 0 & 0 & 2 \end{bmatrix}\begin{bmatrix} a'_{12} \\ a'_{22} \\ a'_{32} \end{bmatrix}=\begin{bmatrix} 0 \\ 1 \\ 1 \end{bmatrix}$$

$$\begin{bmatrix} 2 & 3 & 5 \\ 0 & -7/2 & -7/2 \\ 0 & 0 & 2 \end{bmatrix}\begin{bmatrix} a'_{13} \\ a'_{23} \\ a'_{33} \end{bmatrix}=\begin{bmatrix} 0 \\ 0 \\ 1 \end{bmatrix}$$

これらはそれぞれ，57 頁で述べた後退代入を使って以下のように計算結果が求まる．

$$\boldsymbol{A}^{-1}=\begin{bmatrix} 5/14 & -1/14 & -1/2 \\ 13/14 & -11/14 & -1/2 \\ -1/2 & 1/2 & 1/2 \end{bmatrix}$$

以上の計算過程を一般化してまとめると以下のようになる．

逆行列の計算のアルゴリズム

---

① LU 分解

② 55 頁の LU 分解のアルゴリズムを用いて，$\boldsymbol{A}=\boldsymbol{LU}$ となるよう $\boldsymbol{LU}$ 分解する．

③ $\boldsymbol{LY}=\boldsymbol{I}$ となる $\boldsymbol{Y}$ を求める．

$\boldsymbol{L}$ の要素を l_{ij}，$\boldsymbol{Y}$ の要素 y_{ij} とするとき，$i=1, 2, \cdots, n$ の順で j を 1 から n へと以下の前進代入により求める．

$$y_{ij}=\begin{cases} 0 & (i<j) \\ 1 & (i=j) \\ -\sum_{k=1}^{i-1} l_{ik}y_{kj} & (i>j) \end{cases} \tag{5.6}$$

④ $\boldsymbol{UA}^{-1}=\boldsymbol{Y}$ より $\boldsymbol{A}^{-1}$ を求める．

$\boldsymbol{A}^{-1}$ の要素 x_{ij}を，$i=1, 2, \cdots, n$ の順で j を 1 から n へと以下の後退代入により求める．

$$x_{ij}=\left\{y_{ij}-\sum_{k=i+1}^{n} u_{ik}x_{kj}\right\}\frac{1}{u_{ii}} \tag{5.7}$$

なお，LU 分解においてピボットの交換をする場合は，それに対応して $\boldsymbol{A}^{-1}$ の列の交換が必要になる．

[例題 5.4]　次の行列 $\boldsymbol{A}$ の逆行列 $\boldsymbol{A}^{-1}$ を求める C 言語プログラムを作成せよ．

$$\boldsymbol{A}=\begin{bmatrix} 0 & 1 & 2 \\ -2 & 3 & 1 \\ 1 & 0 & 2 \end{bmatrix}$$

(解答)　プログラム例を 05_2.c に示す．また，プログラムの実行結果（$\boldsymbol{A}^{-1}$ の結果のみ）は下記のとおりである．

```
-----逆行列（LU 分解）-----
A^(-1) =
         -6.000000    2.000000    5.000000
         -5.000000    2.000000    4.000000
          3.000000   -1.000000   -2.000000
```

【例題 5.4 の C 言語プログラム（05_2.c）】

```
// 05_2.c - 逆行列のプログラム（LU 分解 - Doolittle 法）

#include <stdio.h>
#include <math.h>

#define N       3              // 行列の次元数
#define TOL     1.0e-6  // 0 判定基準値

int LUDecomp(double M[N][N], int pivot[N]);
void PrintMatrixD(double M[N][N]);
void PrintLUMatrixPD(double M[N][N]);
int PivotRow(double M[N][N], int diag, int *pid);

int main()
{
        int i, j, k;
        int pivot[N];                   // ピボット選択記録
        double A[N][N] = {
                { 0, 1, 2 },
                { -2, 3, 1 },
                { 1, 0, 2 }
        };
        double Y[N][N] = {
                { 0, 0, 0 },
                { 0, 0, 0 },
                { 0, 0, 0 }
        };                                      // UA^(-1)
        double I[N][N] = {
                { 1, 0, 0 },
                { 0, 1, 0 },
                { 0, 0, 1 }
        };                                      // 単位行列(定数項)
        double INV[N][N] = {
                { 0, 0, 0 },
                { 0, 0, 0 },
                { 0, 0, 0 }
        };                                      // 逆行列 A^(-1)
        double dtmp;

        printf("-----逆行列 (LU 分解)-----¥n");
```

```
	// LU 分解する
	if (LUDecomp(A, pivot) 〈 0) return 1;

	// 単位行列(定数項)を入れ替える
	for (i = 0; i 〈 N; i ++)
	{
		if (i 〈 pivot[i])
		{
			for (j = 0; j 〈 N; j ++)
			{
				dtmp = I[i][j];
				I[i][j] = I[pivot[i]][j];
				I[pivot[i]][j] = dtmp;
			}
		}
	}
	printf("¥nPI =¥n");
	PrintMatrixD(I);

	// 前進消去
	for (j = 0; j 〈 N; j ++)
	{
		for (i = 0; i 〈 N; i ++)
		{
			Y[i][j] = I[i][j];
			for (k = 0; k 〈 i; k ++) Y[i][j] -= A[i][k] * Y[k]
[j];
		}
	}

	printf("¥nY = UA^(-1) =¥n");
	PrintMatrixD(Y);

	// 後退代入
	for (j = 0; j 〈 N; j ++)
	{
		for (i = N-1 ; i 〉= 0; i--)
		{
			INV[i][j] = Y[i][j];
			for (k = i + 1; k 〈 N; k ++)
			{
				INV[i][j] -= A[i][k] * INV[k][j];
```

```
                        }
                        INV[i][j] /= A[i][i];
                }
        }

        printf("¥nA^(-1) =¥n");
        PrintMatrixD(INV);

        return 0;
}

//------------------------------------------------------
// 【機能】 N×N 行列を LU 分解する
// 【引数】 M: 対象の行列，pivot: ピボット選択記録
// 【戻り値】 分解結果(-1: 掃出し不能，0: 成功)
//------------------------------------------------------
int LUDecomp(double M[N][N], int pivot[N])
{
        int i, j, k;
        int tmp, ret;
        int pid;          // ピボット選択した行 ID
        double dtmp;

        printf("A = LU =¥n");
        PrintMatrixD(M);

        for (i = 0; i < N; i ++) pivot[i] = i;

        // 行を入れ替える
        ret = PivotRow(M, 0, &pid);
        if (ret > 0)
        {
                // ピボット選択記録を取る
                tmp = pivot[0];
                pivot[0] = pid;
                pivot[pid] = 0;
        }
        else if (ret < 0)
        {
                printf(">> 掃出し不能 ¥n");
                return 1;
        }
```

```
    // L 行列の第 1 列を計算する
    for (i = 1; i < N; i ++) M[i][0] /= M[0][0];

    for (i = 1; i < N; i ++)
    {
        // U 行列の行を計算する
        for (j = i; j < N; j ++)
        {
            for (k = i; k < N; k ++) M[j][k] -= M[j][i - 1] *
M[i - 1][k];
        }

        if (i < (N - 1))
        {
            // 行を入れ替える
            ret = PivotRow(M, i, &pid);
            if (ret > 0)
            {
                // ピボット選択記録を取る
                tmp = pivot[i];
                pivot[i] = pid;
                pivot[pid] = i;

                // L 行列を入れ替える
                for (j = 0; j < i; j ++)
                {
                    dtmp = M[i][j];
                    M[i][j] = M[pid][j];
                    M[pid][j] = dtmp;
                }
            }
            else if (ret < 0)
            {
                printf(">> 掃出し不能 ¥n");
                return 1;
            }
        }

        // L 行列の列を計算する
        for (j = i + 1; j < N; j ++) M[j][i] /= M[i][i];
    }
```

```
        PrintLUMatrixPD(M);

        return 0;
}

//------------------------------------------------
// 【機能】 N×N 行列（double 型）を表示出力する
// 【引数】 M: 対象の行列
// 【戻り値】 無し
//------------------------------------------------
void PrintMatrixD(double M[N][N])
{
        int i;
        int j;

        for (i = 0; i < N; i ++)
        {
                for (j = 0; j < N; j ++)
                {
                        printf("¥t%lf", M[i][j]);
                }
                printf("¥n");
        }
}

//------------------------------------------------------------
// 【機能】 LU 分解後の N × N 行列（double 型）を表示出力する
//          （ピボット選択有り）
// 【引数】 M: 対象の行列
// 【戻り値】 無し
//------------------------------------------------------------
void PrintLUMatrixPD(double M[N][N])
{
        int i;
        int j;

        // L 行列を表示する
        printf("L =¥n");
        for (i = 0; i < N; i ++)
        {
                for (j = 0; j < i; j ++) printf("¥t%lf", M[i][j]);
                printf("¥t%lf", 1.0);
```

```
			for (j = i + 1; j < N; j ++) printf("¥t%lf", 0.0);
			printf("¥n");
		}

		// U 行列を表示する
		printf("¥nU =¥n");
		for (i = 0; i < N; i ++)
		{
			for (j = 0; j < i; j ++) printf("¥t%lf", 0.0);
			for (j = i; j < N; j ++) printf("¥t%lf", M[i][j]);
			printf("¥n");
		}
}

//-------------------------------------------------------------------
// 【機能】 行列のある対角成分について，同列で絶対値最大の行と入れ替える
// 【引数】 M: 対象の行列，diag: 対角成分 ID，pid: 最大の行 ID のポインタ
// 【戻り値】 入れ替えフラグ(-1: 掃出し不能，0: 入れ替え無し，1: 有り)
//-------------------------------------------------------------------
int PivotRow(double M[N][N], int diag, int *pid)
{
		int	i;
		double tmp;
		double pivot;	// ピボット値

		*pid = diag;

		// 絶対値が最大の行を探す
		for (i = diag + 1; i < N; i ++)
		{
			if (fabs(M[i][diag]) > fabs(M[*pid][diag])) *pid = i;
		}
		if (*pid == diag)
		{
			if (fabs(M[diag][diag]) < TOL) return -1;
			else return 0;
		}

		// 行を入れ替える
		for (i = diag; i < N; i ++)
		{
			tmp = M[diag][i];
```

```
                    M[diag][i] = M[*pid][i];
                    M[*pid][i] = tmp;
            }

            return 1;
    }
```

先に述べたように，連立1次方程式 $\boldsymbol{Ax}=\boldsymbol{b}$ において，解 $\boldsymbol{x}$ を求めるには逆行列 $\boldsymbol{A}^{-1}$ を使って，$\boldsymbol{x}=\boldsymbol{A}^{-1}\boldsymbol{b}$ と計算すればよいが，前章で述べた解法を使えば逆行列を用いずに直接解 $\boldsymbol{x}$ を求められる．もし本章で述べた方法で逆行列 $\boldsymbol{A}^{-1}$ を求めてから $\boldsymbol{x}=\boldsymbol{A}^{-1}\boldsymbol{b}$ を計算すると，前章で述べた方法に比べて計算回数が増えてしまう．実際の科学技術計算においては，解 $\boldsymbol{x}$ を求めるには前章で述べた方法を使えば十分なことが多く，逆行列を単独で求めることが必要になる場面はそれほど多くない．

Excel と MATLAB で逆行列を求める方法

Excel には逆行列を計算する MINVERSE という関数が用意されている．計算の手順は以下のとおりである．

1. 正方行列 A を入力（A2～C4）．
2. 逆行列 A^(-1)の出力範囲（E2～G4）を選択
3. 数式バーに"=MINVERSE(A2：C4)"と入力
4. [Ctrl] + [Shift] + [Enter] を押す

以上により図5.2のように計算できる．

一方，MATLAB では

```
Y=inv(X)
```

標準で正方行列 A の行列式 A を求める inv（ ）を使うことができる．たとえば

```
A= [0 1 2；-2 3 1；1 0 2]
Y=inv(A)
```

と入力すれば

```
Y =

    -6.0000    2.0000    5.0000
    -5.0000    2.0000    4.0000
     3.0000   -1.0000   -2.0000
```

のように結果が得られる．

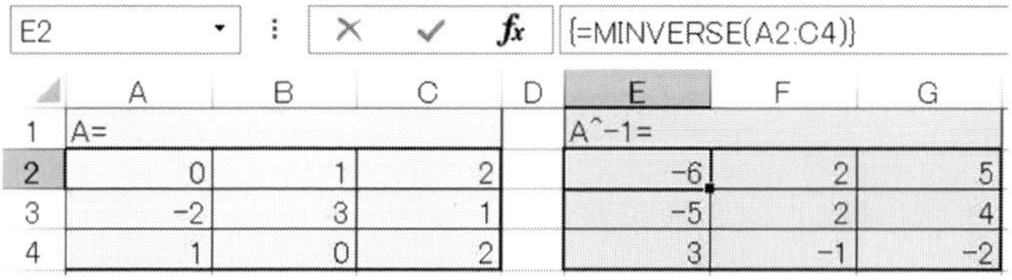

E2　f_x　{=MINVERSE(A2:C4)}

	A	B	C	D	E	F	G
1	A=				A^-1=		
2	0	1	2		-6	2	5
3	-2	3	1		-5	2	4
4	1	0	2		3	-1	-2

図 5.2　Excel による逆行列の計算

5.3　固有値と固有ベクトルの計算

正方行列 A に対してスカラー λ，ベクトル $\boldsymbol{x}$ が

$$\boldsymbol{Ax}=\lambda\boldsymbol{x}$$

を満たすとき λ を A の**固有値**（eigenvalue）といい，$\boldsymbol{x}$ を**固有ベクトル**（eigenvector）（ただし，$\boldsymbol{x}\neq\boldsymbol{0}$）という．固有値と固有ベクトルを求める問題を**固有値問題**（eigenvalue problem）という．

$$\boldsymbol{Ax}=\lambda\boldsymbol{x}\ \text{より，}\ (\boldsymbol{A}-\lambda\boldsymbol{I})\boldsymbol{x}=\boldsymbol{0}$$

となる．ここで

$$\boldsymbol{x}=(\boldsymbol{A}-\lambda\boldsymbol{I})^{-1}\boldsymbol{0}=\boldsymbol{0}$$

となるため，$\boldsymbol{x}=\boldsymbol{0}$ 以外の解をもつためには逆行列 $(\boldsymbol{A}-\lambda\boldsymbol{I})^{-1}$ が存在してはならない．したがってその行列式が 0 になることから

$$|A-\lambda\boldsymbol{x}|=\begin{vmatrix} a_{11}-\lambda & a_{12} & \cdots & a_{1n} \\ a_{21} & a_{22}-\lambda & \cdots & a_{2n} \\ & \cdots & \cdots & \\ a_{n1} & a_{n1} & \cdots & a_{nn}-\lambda \end{vmatrix}=0 \tag{5.8}$$

が成り立つ．これを展開すると

$$\lambda^{n}+b_{1}\lambda^{n-1}+b_{2}\lambda^{n-2}+\cdots+b_{n-1}\lambda+b_{n}=0 \tag{5.9}$$

となり，λ について解くことで固有値を求めることができる．

［**例題 5.5**］　$\boldsymbol{A}=\begin{bmatrix}5 & 2\\2 & 2\end{bmatrix}$の固有値・固有ベクトルを求めよ．

（解答）

$\boldsymbol{A}-\lambda\boldsymbol{I}=\begin{bmatrix}5-\lambda & 2\\2 & 2-\lambda\end{bmatrix}$より，$|A-\lambda\boldsymbol{x}|=(5-\lambda)(2-\lambda)-4=(\lambda-1)(\lambda-6)=0$

よって，$\boldsymbol{A}$ の固有値は，$\lambda=1, 6$.

$\lambda=1$ に対応する固有ベクトルは $\boldsymbol{Ax}=\boldsymbol{x}$ すなわち，$\begin{pmatrix}5 & 2\\2 & 2\end{pmatrix}\begin{pmatrix}x_1\\x_2\end{pmatrix}=\begin{pmatrix}x_1\\x_2\end{pmatrix}$を解いて，

$2x_1+x_2=0$.

よって固有ベクトル$\boldsymbol{x}=c\begin{pmatrix}1\\-2\end{pmatrix}$（$c$は任意定数）．

$\lambda=6$ に対応する固有ベクトルは $\boldsymbol{Ax}=6\boldsymbol{x}$ すなわち，$\begin{pmatrix}5 & 2\\2 & 2\end{pmatrix}\begin{pmatrix}x_1\\x_2\end{pmatrix}=6\begin{pmatrix}x_1\\x_2\end{pmatrix}$を解いて，

$x_1-2x_2=0$.

よって固有ベクトル$\boldsymbol{x}=c\begin{pmatrix}2\\1\end{pmatrix}$（$c$ は任意定数）

5.3.1　ヤコビ法

固有値問題の数値解法にはヤコビ法，LR 法，QR 法などがあるが，ここでは転置（行と列の入れ替え）によって変化しない（すなわち $\boldsymbol{A}=\boldsymbol{A}^T$ となる）対称行列に対して固有値と固有ベクトルを求める**ヤコビ**（Jacobi）**法**について説明する．以下では，簡単な例に基づき，ヤコビ法の手順を説明した後，その一般的なアルゴリズムについて述べる．

［**例題 5.6**］　対称行列 $\boldsymbol{A}=\begin{bmatrix}a & b\\b & c\end{bmatrix}$について，$\boldsymbol{G}=\begin{bmatrix}\cos\theta & -\sin\theta\\\sin\theta & \cos\theta\end{bmatrix}$のとき，$\boldsymbol{G}^T\boldsymbol{AG}$ の(1,2)，(2,1) 成分が 0（すなわち対角行列）になるときの θ を求めよ．

（解答）

$$\boldsymbol{G}^T\boldsymbol{AG}=\begin{bmatrix}\cos\theta & \sin\theta\\-\sin\theta & \cos\theta\end{bmatrix}\begin{bmatrix}a & b\\b & c\end{bmatrix}\begin{bmatrix}\cos\theta & -\sin\theta\\\sin\theta & \cos\theta\end{bmatrix}$$

$$=\begin{bmatrix}a\cos^2\theta+2b\cos\theta\sin\theta+c\sin^2\theta & (c-a)\cos\theta\sin\theta+b(\cos^2\theta-\sin^2\theta)\\(c-a)\cos\theta\sin\theta+b(\cos^2\theta-\sin^2\theta) & a\sin^2\theta-2b\cos\theta\sin\theta+c\cos^2\theta\end{bmatrix}$$

$$(c-a)\cos\theta\sin\theta+b(\cos^2\theta-\sin^2\theta)=0 \qquad (5.10)$$

より，$a \neq c$ ならば，$\tan 2\theta = \dfrac{2b}{a-c}$ より

$$\theta = \frac{1}{2}\tan^{-1}\frac{2b}{a-c} \tag{5.11}$$

となる．$a=c$ のときは $\theta = \dfrac{\pi}{4}$ である．

上記のように $\boldsymbol{A}$ が対角化できれば，固有値は $a\cos^2\theta + 2b\cos\theta\sin\theta + c\sin^2\theta$ および $a\sin^2\theta - 2b\cos\theta\sin\theta + c\cos^2\theta$ と求まる．なお，上記の $\boldsymbol{G}$ による変換を**ギブンス回転**（Givens rotation）と呼ぶ．

行列 $\boldsymbol{A}$ が $n \times n$ の正方行列の場合は，$\boldsymbol{A}$ の非対角要素の中で絶対値が最大の要素が a_{ij} であるとき，$\boldsymbol{G}_k$ を

$$\boldsymbol{G}_k = \begin{array}{c} \\ 1 \\ \\ i \\ \\ j \\ \\ n \end{array}\!\!\begin{array}{c} \begin{array}{ccccccc} 1 & & i & & j & & n \end{array} \\ \left[\begin{array}{ccccccc} 1 & \cdots & 0 & \cdots & 0 & \cdots & 0 \\ \vdots & \ddots & \vdots & & \vdots & & \vdots \\ 0 & \cdots & \cos\theta & \cdots & -\sin\theta & \cdots & 0 \\ \vdots & & \vdots & \ddots & \vdots & & \vdots \\ 0 & \cdots & \sin\theta & \cdots & \cos\theta & \cdots & 0 \\ \vdots & & \vdots & & \vdots & \ddots & \vdots \\ 0 & \cdots & 0 & \cdots & 0 & \cdots & 1 \end{array}\right] \end{array} \tag{5.12}$$

とし

$$a_{ii} \neq a_{jj} \text{ のとき}\quad \theta = \frac{1}{2}\tan^{-1}\frac{2a_{ij}}{a_{ii}-a_{jj}} \tag{5.13}$$

$$a_{ii} = a_{jj} \text{ のとき}\quad \theta = \frac{\pi}{4} \tag{5.14}$$

とすれば，$\boldsymbol{G}_k^T\boldsymbol{A}\boldsymbol{G}_k$ を計算することで要素 a_{ij} を 0 にすることができる．変換後の行列に対し，再度非対角要素の絶対値が最大の要素が 0 となるよう変換を繰り返すことで，非対角要素を 0 に近づけていくことができる．それを

$$(\boldsymbol{G}_n{}^T \cdots \boldsymbol{G}_2{}^T\boldsymbol{G}_1{}^T)\boldsymbol{A}(\boldsymbol{G}_1\boldsymbol{G}_2\cdots\boldsymbol{G}_n) \tag{5.15}$$

と表せば，上記の計算により得られた行列の対角要素が近似固有値となる．また，行列 $\boldsymbol{Q}_n = \boldsymbol{G}_1\boldsymbol{G}_2\cdots\boldsymbol{G}_n$ の成分の列ベクトルが，対応する固有ベクトルの近似解となる．

ヤコビ法のアルゴリズム

① 非対角要素の最大値の探索

まず，行列 $\boldsymbol{A}=\{a_{ij}\}$ $(i, j=1, 2, \cdots, n)$ に対して，非対角要素の最大値 $|a_{ij}|=\max\{|a_{ij}|; (i\neq j)\}$ を探索して指定する．

② ギブンス回転のための行列を求める．

$a_{ii}\neq a_{jj}$ のとき $\theta=\dfrac{1}{2}\tan^{-1}\dfrac{2a_{ij}}{a_{ii}-a_{jj}}$

$a_{ii}=a_{jj}$ のとき $\theta=\dfrac{\pi}{4}$

とし，式（5.12）の行列に θ を代入し，$\boldsymbol{G}_1$ とする．

③ 非対角要素を0にする．

$\boldsymbol{A}_0=\mathrm{A}$ とし，$\boldsymbol{A}_1=\boldsymbol{G}_1{}^T\boldsymbol{A}_0\boldsymbol{G}_1$ を計算する．

④ 繰り返し計算

①～③を $\boldsymbol{A}_n, \boldsymbol{n}=1, 2, \cdots$ について行い

$$\boldsymbol{A}_n=\boldsymbol{G}_n{}^T\boldsymbol{A}_{n-1}\boldsymbol{G}_n \tag{5.16}$$

$$\boldsymbol{Q}_n=\boldsymbol{G}_1\cdots\boldsymbol{G}_n \tag{5.17}$$

を $\boldsymbol{A}_n$ の非対角成分が十分小さくなるまで求める．

以上により得られた行列 $\boldsymbol{A}_n$ の対角要素が近似固有値となる．また，行列 $\boldsymbol{Q}_n$ の成分の列ベクトルが，固有ベクトルの近似解となる．

［例題 5.7］ $\boldsymbol{A}=\begin{bmatrix} 5 & 1 & -2 \\ 1 & 6 & -1 \\ -2 & -1 & 5 \end{bmatrix}$ についてヤコビ法により固有値および固有ベクトルを求めよ．

（解答）

〈第1段〉

非対角要素の絶対値が最大の要素は $a_{13}=-2$ である．ここで，$a_{11}=a_{33}$ であるので，$\theta=\dfrac{\pi}{4}$ となり

$$\boldsymbol{G}_1=\begin{bmatrix} \cos(\pi/4) & 0 & -\sin(\pi/4) \\ 0 & 1 & 0 \\ \sin(\pi/4) & 0 & \cos(\pi/4) \end{bmatrix}=\begin{bmatrix} 0.7071067 & 0 & -0.7071067 \\ 0 & 1 & 0 \\ 0.7071067 & 0 & 0.7071067 \end{bmatrix}$$

よって

$$A_1=G_1{}^TAG_1=\begin{bmatrix}2.9999993 & 0 & 0\\ 0 & 6 & -1.4142134\\ 0 & -1.4142134 & 6.9999984\end{bmatrix}$$

〈第２段〉

絶対値が最大の A_1 の非対角要素は $a_{23}=-1.4142134$ である．ここで，$a_{22}\neq a_{33}$ であるので，$\theta=\dfrac{1}{2}\tan^{-1}\dfrac{2a_{23}}{a_{22}-a_{33}}=\dfrac{1}{2}\tan^{-1}\dfrac{2(-1.4142134)}{6-6.9999984}=0.6154799$ となり

$$G_2=\begin{bmatrix}1 & 0 & 0\\ 0 & \cos(0.6154799) & -\sin(0.6154799)\\ 0 & \sin(0.6154799) & \cos(0.6154799)\end{bmatrix}=\begin{bmatrix}1 & 0 & 0\\ 0 & 0.8164965 & -0.5773504\\ 0 & 0.5773504 & 0.8164965\end{bmatrix}$$

よって

$$A_2=G_2{}^TA_1G_2=\begin{bmatrix}2.9999993 & 0 & 0\\ 0 & 4.9999997 & -0.0000002\\ 0 & -0.0000002 & 7.9999989\end{bmatrix}$$

となり，近似的に対角化ができる．すなわち，A_2 の対角要素が近似固有値となる．また，行列

$$Q_2=G_1G_2=\begin{bmatrix}0.7071067 & -0.4082483 & -0.5773501\\ 0 & 0.8164965 & -0.5773504\\ 0.7071067 & 0.4082483 & 0.5773501\end{bmatrix}$$

の成分の列ベクトルが，対応する固有ベクトルの近似解となる．

A の固有値および固有ベクトル（ただし，$\|x_n\|=1$ となるようにしてある）の真値は以下のとおりであり，ヤコビ法により良好な近似解が得られることがわかる．なお，数値計算の有効桁数を大きくすれば，さらに真値に近い解が得られる．

固有値　$\lambda_1=3$　のとき固有ベクトル $x_1=\dfrac{1}{\sqrt{2}}\begin{bmatrix}1\\0\\1\end{bmatrix}=\begin{bmatrix}0.7071068\\0\\0.7071068\end{bmatrix}$

固有値　$\lambda_2=5$　のとき固有ベクトル $x_2=\dfrac{1}{\sqrt{6}}\begin{bmatrix}-1\\2\\1\end{bmatrix}=\begin{bmatrix}-0.4082483\\0.8164966\\0.4082483\end{bmatrix}$

固有値　$\lambda_3=8$　のとき固有ベクトル $\boldsymbol{x}_3=\dfrac{1}{\sqrt{3}}\begin{bmatrix}-1\\-1\\1\end{bmatrix}=\begin{bmatrix}-0.5773503\\-0.5773503\\0.5773503\end{bmatrix}$

上記で述べたヤコビ法は，対称行列に対してしか適用できなかったが，非対称行列であっても適用できる解法に，ハウスホルダー（Householder）変換を組み合わせたQR法などがある．

［例題5.8］　次の行列 $\boldsymbol{A}$ の固有値，固有ベクトルを求めるC言語プログラムを作成せよ．

$$\boldsymbol{A}=\begin{bmatrix}3&2&2\\2&2&0\\2&0&4\end{bmatrix}$$

（解答）　プログラム例を05_3.cに示す．また，プログラムの実行結果は下記のとおりである．

```
-----固有値，固有ベクトル-----
収束，収束回数 = 8
固有値 =
        6.000000     0.000000     3.000000
固有ベクトル =
        0.666667    -0.666667    -0.333333
        0.333333     0.666667    -0.666667
        0.666667     0.333333     0.666667
```

【例題5.8のC言語プログラム（05_3.c）】

```
// 05_3.c - 対称行列の固有値，固有ベクトルを求めるプログラム（ヤコビ法）

#include <stdio.h>
#include <math.h>

#define TOL 1.0e-6      // 許容誤差
#define N 3                          // 行列の次数
#define ITE 100                      // 最大繰り返し数

int EigenJacobi(double M[N][N]);
```

```
int DetSymmetry(double M[N][N]);
void MaxNonDiagID(double M[N][N], int *row, int *col);
void SetGivensMatrix(double G[N][N], int row, int col, double sine,
double cosine);
void MulMatrixD(double Ans[N][N], double M1[N][N], double M2[N]
[N]);
void TransposeMatrix(double matrix[N][N]);
int DetConv(double M[N][N]);
void CopyMatrix(double M1[N][N], double M2[N][N]);
void PrintMatrixD(double M[N][N]);

void main()
{
        int i, ret;
        double A[N][N] = {
                {3, 2, 2},
                {2, 2, 0},
                {2, 0, 4}
        };      // 対象行列 A

        printf("-----固有値，固有ベクトル-----¥n");
        // 固有値，固有ベクトルを求める
        ret = EigenJacobi(A);
        if (ret < 0)
        {
                printf("計算失敗 ¥n");
                if (ret == -1) printf("未収束 ¥n");
                else            printf("非対称行列 ¥n");
                return;
        }
}

//--------------------------------------------------------------
// 【機能】 対称行列の固有値，固有ベクトルを求める
// 【引数】 M: 対象の行列
// 【戻り値】 フラグ(1: 計算成功，-1: 収束不可，-2: 行列が非対称)
//--------------------------------------------------------------
int EigenJacobi(double M[N][N])
{
        int i, j, k;
        int row, col;           // 絶対値が最大の非対角要素の行の
```

```
ID, 列の ID
        double X[N][N];                    // 繰り返し計算用の行列 X
        double T[N][N];                    // ギブンス回転行列 G 兼 逆行列
G^(-1)
        double Tmp[N][N];                  // 計算用行列
        double E[N][N] = {
                {1, 0, 0},
                {0, 1, 0},
                {0, 0, 1}
        };                                          // 固有ベクトル
        double EV[N][N];                   // 固有値
        double t, tm;                      // ギブンス回転角に基づくタン
ジェント
        double a, b, c;                    // tangent を求める 2 次方程式
の係数
        double sine, cosine;     // ギブンス回転角に基づくサイン，コサイ
ン

        // 行列の対称性を判定する
        if (!DetSymmetry(M)) return -2;

        // X を初期化する
        for (i = 0; i < N; i ++) for (j = 0; j < N; j ++) X[i][j] = M[i][j];

        // 繰り返し計算
        for (k = 0; k < ITE; k ++)
        {
                // 絶対値が最大の非対角要素の行・列の ID を調べる
                MaxNonDiagID(X, &row, &col);

                // タンジェントを求める
                a = X[row][col];
                b = X[row][row] - X[col][col];
                c = -a;
                t = (-b + sqrt(b*b - 4.0 * a*c)) / (2.0 * a);
                tm = (-b - sqrt(b*b - 4.0 * a*c)) / (2.0 * a);
                if (fabs(t) > fabs(tm)) t = tm;

                // サイン，コサインを求める
                cosine = 1 / (sqrt(1 + t*t)); // 常に正とする
                sine = cosine * t;

                // ギブンス回転行列を設定する
```

```
            SetGivensMatrix(T, row, col, sine, cosine);

            // 固有ベクトルを求める
            MulMatrixD(Tmp, E, T);
            CopyMatrix(Tmp, E);

            // 相似変換 : G^(-1)XG を求める
            MulMatrixD(Tmp, X, T);
            TransposeMatrix(T);
            MulMatrixD(EV, T, Tmp);

            // 計算結果が収束した場合
            if (DetConv(EV) == 1)
            {
                printf("収束 , 収束回数 = %d¥n", k + 1);
                printf("固有値 = ¥n");
                for (i = 0; i < N; i ++) printf("¥t%lf", EV[i][i]);
                printf("¥n");
                printf("固有ベクトル = ¥n");
                PrintMatrixD(E);

                return 1;
            }

            // 繰り返し計算用の行列に結果を写す
            CopyMatrix(EV, X);
        }

        // 未収束の場合
        return -1;
}

//-----------------------------------------
// 【機能】 行列の対称性を判定する
// 【引数】 M: 対象の行列
// 【戻り値】 判定結果(0: 非対称, 1: 対称)
//-----------------------------------------
int DetSymmetry(double M[N][N])
{
        int i, j;

        for (i = 0; i < N; i ++)
        {
```

```
                for (j = i + 1; j < N; j ++)
                {
                        // 非対称の場合
                        if (M[i][j] != M[j][i]) return 0;
                }
        }

        return 1;
}

//------------------------------------------------------------------
// 【機能】 N×N 対称行列について，絶対値が最大の非対角要素の行・列
のIDを調べる
// 【引数】 M: 対象の行列，row: 行のID，col: 列のID
// 【戻り値】 無し
//------------------------------------------------------------------
void MaxNonDiagID(double M[N][N], int *row, int *col)
{
        int i, j;
        double max = 0.0;

        // IDを初期化する
        *row = 0;
        *col = 1;

        for (i = 0; i < N ; i ++)
        {
                for (j = 0; j < N; j ++)
                {
                        if (i == j) continue;

                        if (max < fabs(M[i][j]))
                        {
                                max = fabs(M[i][j]);
                                *row = i;
                                *col = j;
                        }
                }
        }
}

//------------------------------------------------------------------
```

```
// 【機能】 ギブンス回転行列を設定する
// 【引数】 G: ギブンス回転行列 , row: 行の ID, col: 列の ID,
//          sine: サイン, cosine: コサイン
// 【戻り値】 無し
//-------------------------------------------------------------
void SetGivensMatrix(double G[N][N], int row, int col, double sine,
double cosine)
{
        int i, j;

        for (i = 0; i < N; i ++)
        {
                for (j = 0; j < N; j ++)
                {
                        // 対角要素の場合
                        if (i == j)        G[i][j] = 1.0;
                        // 非対角要素の場合
                        else G[i][j] = 0.0;
                }
        }

        G[row][row] = G[col][col] = cosine;
        G[col][row] = sine;
        G[row][col] = -sine;
}


//-------------------------------------------------------------
// 【機能】 N×N 行列 (double 型) M1,M2 の乗算(M1*M2)の結果を求め
る
// 【引数】 Ans: 乗算結果, M1: 対象の行列 1, M2: 対象の行列 2
// 【戻り値】 無し
//-------------------------------------------------------------
void MulMatrixD(double Ans[N][N], double M1[N][N], double M2[N]
[N])
{
        int i, j, k;
        double tmp;

        for (i = 0; i < N; i ++)
        {
                for (j = 0; j < N; j ++)
```

```
			{
				tmp = 0;
				for (k = 0; k < N; k ++)
				{
					tmp += M1[i][k] * M2[k][j];
				}
				Ans[i][j] = tmp;
			}
		}
}

//-----------------------------------------
// 【機能】 N×N 行列の転置行列を求める
// 【引数】 T: 転置行列, M: 対象の行列
// 【戻り値】 無し
//-----------------------------------------
void TransposeMatrix(double matrix[N][N])
{
		int i, j;
		double tmp;

		for (i = 0; i < N - 1; i ++)
		{
			for (j = i + 1; j < N; j ++)
			{
				tmp = matrix[i][j];
				matrix[i][j] = matrix[j][i];
				matrix[j][i] = tmp;
			}
		}
}

//-----------------------------------------------
// 【機能】 繰り返し計算結果の収束を判定する
// 【引数】 M: 計算結果の行列
// 【戻り値】 判定結果(0: 未収束, 1: 収束)
//-----------------------------------------------
int DetConv(double M[N][N])
{
		int i, j;
```

```
        // 全ての非対角要素が許容誤差より小いか判定
        for (i = 0; i < N; i ++)
        {
                for (j = 0; j < N; j ++)
                {
                        // 対角要素をスキップする
                        if (i == j) continue;

                        if (fabs(M[i][j]) > TOL) return 0;
                }
        }

        return 1;
}

//---------------------------------------------
// 【機能】 N×N 行列の要素を別の行列に写す
// 【引数】 M1: 対称の行列, M2: 複写先の行列
// 【戻り値】 無し
//---------------------------------------------
void CopyMatrix(double M1[N][N], double M2[N][N])
{
        int i, j;

        for (i = 0; i < N; i ++)
        {
                for (j = 0; j < N; j ++)
                {
                        M2[i][j] = M1[i][j];
                }
        }
}

//---------------------------------------------
// 【機能】 N×N 行列 (double 型) を表示出力する
// 【引数】 M: 対象の行列
// 【戻り値】 無し
//---------------------------------------------
void PrintMatrixD(double M[N][N])
{
        int i;
```

```
		int j;

		for (i = 0; i 〈 N; i ++)
		{
			for (j = 0; j 〈 N; j ++)
			{
				printf("¥t%lf", M[i][j]);
			}
			printf("¥n");
		}
}


//---------------------------------------------
// 【機能】 N×N 行列の要素を別の行列に写す
// 【引数】 M1: 対称の行列, M2: 複写先の行列
// 【戻り値】 無し
//---------------------------------------------
void CopyMatrix(double M1[N][N], double M2[N][N])
{
		int i, j;

		for (i = 0; i 〈 N; i ++)
		{
			for (j = 0; j 〈 N; j ++)
			{
				M2[i][j] = M1[i][j];
			}
		}
}


//---------------------------------------------
// 【機能】 N×N 行列 (double 型) を表示出力する
// 【引数】 M: 対象の行列
// 【戻り値】 PrintMatrixD
//---------------------------------------------
void PrintMatrixD(double M[N][N])
{
		int i;
		int j;

		for (i = 0; i 〈 N; i ++)
```

```
        }
                for (j = 0; j < N; j ++)
                {
                        printf("¥t%lf", M[i][j]);
                }
                printf("¥n");
        }
}
```

〈演習問題〉

5.1　逆行列の計算アルゴリズム（77 頁）およびヤコビ法による固有値問題の計算アルゴリズム（88 頁）のそれぞれのパートに対応するプログラム部分を例題 5.4, 5.8 の C 言語プログラムから抜き出して説明せよ．

5.2　次の行列 $\boldsymbol{A}$ と $\boldsymbol{B}$ の和を計算する C 言語プログラムを作成せよ．

$$\boldsymbol{A}=\begin{bmatrix}1&2&3&4\\5&6&7&8\\8&7&6&5\\4&3&2&1\end{bmatrix},\quad \boldsymbol{B}=\begin{bmatrix}8&7&6&5\\4&3&2&1\\1&2&3&4\\5&6&7&8\end{bmatrix}$$

5.3　次の行列 $\boldsymbol{A}$ と $\boldsymbol{B}$ の積を求める C 言語プログラムを作成せよ．

$$\boldsymbol{A}=\begin{bmatrix}3&4&1\\0&1&-2\\2&-1&1\end{bmatrix},\quad \boldsymbol{B}=\begin{bmatrix}0&4&1\\3&3&-4\\-1&1&7\end{bmatrix}$$

5.4　次の行列 $\boldsymbol{A}$ と $\boldsymbol{E}$ に基づき，$A^3+3A-2E$ を計算する C 言語プログラムを作成せよ．

$$\boldsymbol{A}=\begin{bmatrix}1&1&0\\0&1&1\\0&0&1\end{bmatrix},\quad \boldsymbol{E}=\begin{bmatrix}1&0&0\\0&1&0\\0&0&1\end{bmatrix}$$

5.5　例題 5.2 の行列式を求める C 言語プログラムに相当するプログラムを MATLAB で作成せよ．

5.6　次の行列 $\boldsymbol{A}$ の逆行列 $\boldsymbol{A}^{-1}$ を例題 5.4 の C 言語プログラムを修正して計算せよ．

$$\boldsymbol{A}=\begin{bmatrix}1&1&1&1\\1&2&1&2\\1&1&3&1\\1&2&1&4\end{bmatrix}$$

5.7 例題 5.4 の逆行列を求める C 言語プログラムに相当するプログラムを MATLAB で作成せよ.

5.8 次の行列 $\boldsymbol{A}$ の固有値を求める C 言語プログラムの手順に基づき，Excel および MATLAB で解け.

$$\boldsymbol{A}=\begin{bmatrix} 3 & 1 & 1 \\ 1 & 2 & 0 \\ 1 & 0 & 2 \end{bmatrix}$$

6 関数補間と近似

章の要約

実験で離散的に得られたデータ（たとえば時間 x に対する測定値 y）に対して，x と y の間の関係を推定することが必要となる場合がある．これらの実験点を通る関数 $y=f(x)$ の形が求められれば任意の x に対する y が求められる．このような目的で近似曲線を求める方法を**補間**（interpolation）という．補間法にはさまざまな手法があるが，本章ではラグランジュ補間法と最小二乗法について述べる．

6.1 近似曲線による補間

実験などで図 6.1 のように点（x_0, y_0），…，（x_5, y_5）が離散的に与えられときに，近似的な曲線 $y=f(x)$ を当てはめることを考える．このような曲線の当てはめができれば，ある x_i における y_i の値（図中の◦点など）を推定できる．

すべての点の位置が正確なものである場合は，図 6.1 のように推定する曲線をすべての点を正確に通るように求めるのが妥当である．これに対して，実験結果をまとめるときのように，点の位置に誤差が含まれている場合には，必ずしもすべての点を通る必要性はなく，なるべく簡単な関数でそれらの点の近くを通る曲線を求めることが重要となる．以下では前者の方法としてラグランジュ補間法を，また後者の方法として最小二乗法を取り上げて説明する．

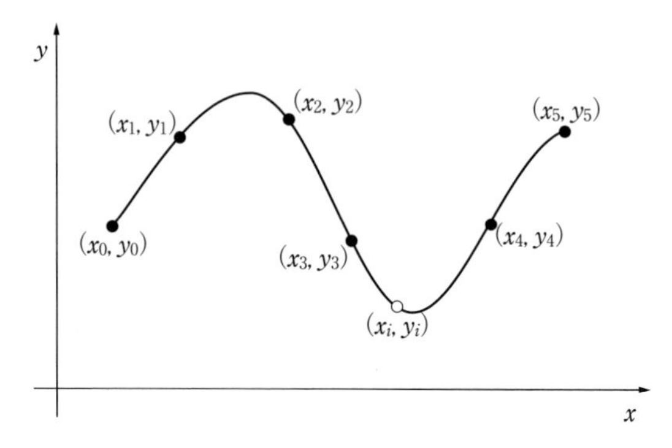

図 6.1　近似曲線による補間

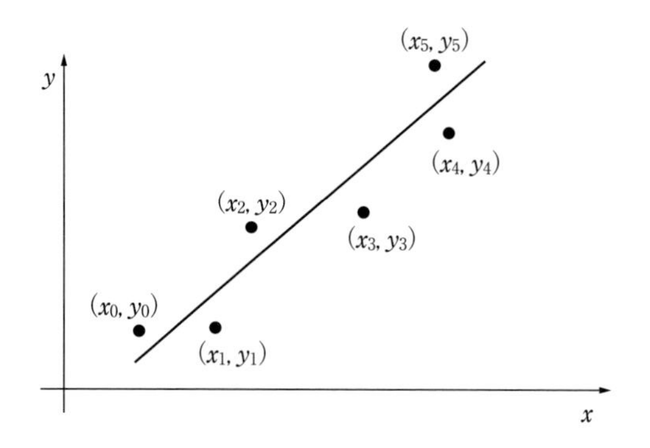

図 6.2　最小二乗法による補間

6.2　ラグランジュ補間法

ある2点(x_0, y_0)，(x_1, y_1)が与えられたとき，その2点を通る1次直線は一意に決まる．同様に，ある3点(x_0, y_0)，(x_1, y_1)，(x_3, y_3)が与えられたとき，その3点を通る2次曲線も一意に決まる．一般に，$n+1$個の点(x_0, y_0)，(x_1, y_1)，$\cdots$，(x_n, y_n)が与えられ，この$n+1$個の点をすべて通るn次の多項式関数$p_n(x)$は1つに定まり，以下のように表される．

$$p_n(x)=\sum_{k=0}^{n} y_k z_k(x) \tag{6.1}$$

$$z_k(x)=\prod_{\substack{j=0\\ j\neq k}}^{n}\frac{x-x_j}{x_k-x_j}=\frac{(x-x_0)(x-x_1)\cdots(x-x_{k-1})(x-x_{k+1})\cdots(x-x_n)}{(x_k-x_0)(x_k-x_1)\cdots(x_k-x_{k-1})(x_k-x_{k+1})\cdots(x_k-x_n)} \tag{6.2}$$

上式による補間を，**ラグランジュ補間**（Lagrange interpolation）という．

［例題 6.1］ 3つの点（0,5），（1,4），（2,9）を通る2次多項式をラグランジュ補間により求め，これに基づき，$x=1.5$ における y の値を求めよ．

（解答） まず，式（6.2）より

$$z_0(x)=\frac{(x-x_1)(x-x_2)}{(x_0-x_1)(x_0-x_2)}=\frac{(x-1)(x-2)}{(0-1)(0-2)}$$

$$z_1(x)=\frac{(x-x_0)(x-x_2)}{(x_1-x_0)(x_1-x_2)}=\frac{(x-0)(x-2)}{(1-0)(1-2)}$$

$$z_2(x)=\frac{(x-x_0)(x-x_1)}{(x_2-x_0)(x_2-x_1)}=\frac{(x-0)(x-1)}{(2-0)(2-1)}$$

次に式（6.1）より

$$\begin{aligned}p_2(x)&=y_0z_0(x)+y_1z_1(x)+y_2z_2(x)\\&=5\times\frac{(x-1)(x-2)}{(0-1)(0-2)}+4\times\frac{(x-0)(x-2)}{(1-0)(1-2)}+9\times\frac{(x-0)(x-1)}{(2-0)(2-1)}\\&=\frac{5}{2}(x-1)(x-2)-4x(x-2)+\frac{9}{2}x(x-1)=3x^2-4x+5\end{aligned}$$

よって，$x=1.5$ において，$y=5.75$ と求まる．

ラグランジュ補間のアルゴリズム

① 初期値の設定

データの個数 n，補間点 (x_i, y_i) $(i=1, 2, \cdots, n)$ の入力．

② ラグランジュ補間の計算

(i) 初期値 Y=0（出力 y の初期値を 0 とする）

(ii) 反復 $k=1, 2, \cdots, n$

・初期値 Zk=1（k 番目の項の初期値を 0 とする）

・反復 $j=1, 2, \cdots, n$

$j\neq k$ ならば

Zk = Zk×(X - x[j])/(x[k] - x[j])；(式（6.2）に対応)

・出力 y の計算

Y - Y + Zk*y[k]；(式（6.1）に対応)

[例題 6.2]　Excel を用いて 3 点 $(x, y)=(-1, 1)$, $(0, -1)$, $(2, 3)$ を通る 2 次関数 $f(x)$ をラグランジュの補間法で補間し，$f(0.5)$ を求めよ．

(解答)

1) まず 3 点 (x, y) を図 6.3 の A3 セル〜B5 セル，補間点 $f(0.5)$ を G3 セル に入力する．

2) ラグランジュの公式に基づき，以下のようにセルを設定する．

〈セル設定〉

D3 セル	= ((G3 - A4)*(G3 - A5))/((A3 - A4)*(A3 - A5))	式 (6.2) に対応
D4 セル	= ((G3 - A3)*(G3 - A5))/((A4 - A3)*(A4 - A5))	式 (6.2) に対応
D5 セル	= ((G3 - A3)*(G3 - A4))/((A5 - A3)*(A5 - A4))	式 (6.2) に対応
H3 セル	= B3*D3 + B4*D4 + B5*D5	式 (6.1) に対応

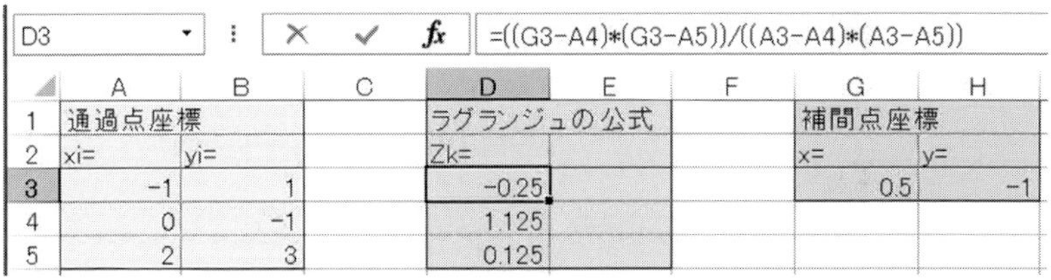

D3　=((G3-A4)*(G3-A5))/((A3-A4)*(A3-A5))

	A	B	C	D	E	F	G	H
1	通過点座標			ラグランジュの公式			補間点座標	
2	xi=	yi=		Zk=			x=	y=
3	-1	1		-0.25			0.5	-1
4	0	-1		1.125				
5	2	3		0.125				

図 6.3　ラグランジュ補間による解法

[例題 6.3]　例題 6.2 を MATLAB により解け．

(解答)　MATLAB によるプログラム例を e061.m に示す．本プログラムから別に作成した lagrange.m を呼び出している．プログラムを実行すると，以下の出力 $(y=-1)$ が得られる．

```
>> e061
Y =
   -1
```

【例題 6.3 の MATLAB プログラム（e061.m)】

```
% ラグランジュの補間法のプログラム

% 通過点の定義
x = [-1 0 2];  % x 座標
y = [1 -1 3];  % y 座標

X = 0.5;     % 補間点の x 座標

% ラグランジュの補間法を実行する
Y = lagrange(x,y,X)  % 補間点の y 座標
```

【上記から呼び出される関数　(lagrange.m)】

```
function Y = lagrange(x,y,X)
%      機能: ラグランジュの補間法によって通過点の座標から補間点の座標を求める
%      x: 通過点の x 座標配列
%          y: 通過点の y 座標配列
%      X: 補間点の x 座標
%          戻り値: 補間点の y 座標

n = length(x);  % 係数行列の次元

Y = 0.0;
for k=1: n
        Zk = 1.0;  % ラグランジュの補間公式
        for j=1: n
                if (j ~= k)
                        Zk = Zk * (X - x(j)) / (x(k) - x(j));
                end
        end
        Y = Y + Zk * y(k);
end
```

ラグランジュの補間では，補間の点数が増えてくると，近似の精度が悪くなることがある．その具体例を図 6.4 に示す．図は，$f(x)=\dfrac{1}{1+25x^2}$（破線）上

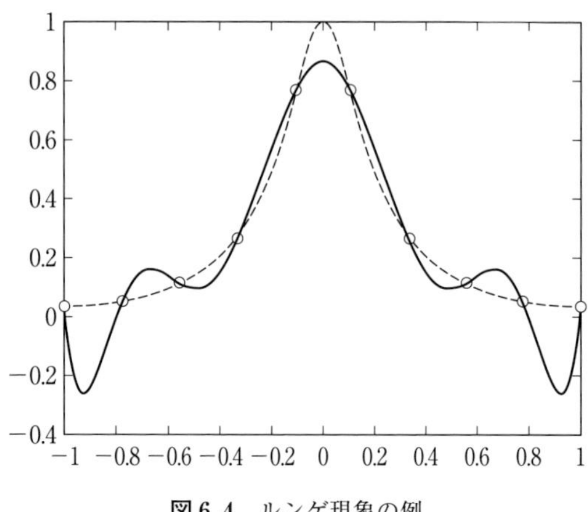

図 6.4　ルンゲ現象の例

の 10 個の点（○印）によりラグランジュ補間で近似曲線（実線）を求めたものである．図のように，破線の実際の曲線と比べて大きな振動が現れていることがわかる．特に端の方ではかなり精度が悪くなる．このようにラグランジュの補間では，補間する多項式の次数が高いと振動が生じることがある．このような現象を**ルンゲ**（Runge）**現象**という．これを避けるためには，区間の端で補間に用いる点を多くすることや，多項式の次数を上げずに区間的に補間多項式関数を作り，これを滑らかにつなぎ合わせる方法（たとえばスプライン補間など）を利用するとよい．

6.3　最小二乗法

最小二乗法（最小自乗法，least squares method）は，複数の観測値から最も確からしい m 次多項式近似を求めるのに，それぞれの観測値との誤差の 2 乗の和を最小とするように係数を決定する方法である．以下ではまず 1 次式による近似の方法について述べ，次に m 次多項式近似について述べる．

6.3.1　1 次式近似の場合

実験等により，$n+1$ 個のデータ (x_0, y_0)，$(x_1, y_1), \cdots, (x_n, y_n)$ が得られたとする．これを 1 次方程式 $y=a_1x+a_0$ に当てはめることを考えよう．このとき

$$\begin{bmatrix} y_0 \\ y_1 \\ \vdots \\ y_n \end{bmatrix} = \begin{bmatrix} 1 & x_0 \\ 1 & x_1 \\ \vdots & \vdots \\ 1 & x_n \end{bmatrix} \begin{bmatrix} a_0 \\ a_1 \end{bmatrix} \tag{6.3}$$

を満たす $\begin{bmatrix} a_0 \\ a_1 \end{bmatrix}$ を求めればよいが，上式をすべて同時に満たす解はない．そこで，関数値とデータ値との差（これを**残差**（residual）という）の 2 乗和を，最小にする $\begin{bmatrix} a_0 \\ a_1 \end{bmatrix}$ を求めることにする．すなわち

$$S = \sum_{i=0}^{n} \{(a_1 x_i + a_0) - y_i\}^2 \tag{6.4}$$

と定義し，これを最小にすることを考える．ここで，S は a と b のそれぞれついて 2 次関数であり，${a_1}^2$ と ${a_0}^2$ の係数が正であるとから，下に凸の 2 次関数であり，S が最小となる条件は

$$\begin{bmatrix} \dfrac{\partial S}{\partial a_0} \\ \dfrac{\partial S}{\partial a_1} \end{bmatrix} = \begin{bmatrix} 0 \\ 0 \end{bmatrix} \tag{6.5}$$

となる．この方法を最小二乗法あるいは最小二乗法における回帰分析という．

ここで，関数 S を偏微分すると

$$\begin{aligned} \frac{\partial S}{\partial a_0} &= 2\sum_{i=0}^{n}(a_1 x_i + a_0 - y_i) = 2\left(a_0(n+1) + a_1 \sum_{i=0}^{n} x_i - \sum_{i=0}^{n} y_i\right) \\ \frac{\partial S}{\partial a_1} &= 2\sum_{i=0}^{n} x_i(a_1 x_i + a_0 - y_i) = 2\left(a_0 \sum_{i=0}^{n} x_i + a_1 \sum_{i=0}^{n} x_i^2 - \sum_{i=0}^{n} x_i y_i\right) \end{aligned} \tag{6.6}$$

となるので，式（6.5）より

$$\begin{bmatrix} (n+1) & \sum_{i=0}^{n} x_i \\ \sum_{i=0}^{n} x_i & \sum_{i=0}^{n} x_i^2 \end{bmatrix} \begin{bmatrix} a_0 \\ a_1 \end{bmatrix} = \begin{bmatrix} \sum_{i=0}^{n} y_i \\ \sum_{i=0}^{n} x_i y_i \end{bmatrix} \tag{6.7}$$

式（6.7）を**正規方程式**（normal equation）といい，これを解くことで a_0 と a_1 が求まり，$y = a_1 x + a_0$ を定めることができる．

6.3.2 m 次多項式近似の場合

近似関数を $f(x)=a_mx^m+a_{m-1}x^{m-1}+\cdots+a_1x+a_0$ とする．式（6.4）と同様に

$$S=\sum_{i=0}^{n}\{(a_mx_i^m+a_{m-1}x_i^{m-1}+\cdots+a_1x_i+a_0)-y_i\}^2 \tag{6.8}$$

とすれば，S が最小となる条件は

$$\begin{bmatrix} \dfrac{\partial S}{\partial a_0} \\ \dfrac{\partial S}{\partial a_1} \\ \cdots \\ \dfrac{\partial S}{\partial a_m} \end{bmatrix}=\begin{bmatrix} 0 \\ 0 \\ \cdots \\ 0 \end{bmatrix} \tag{6.9}$$

となり，次の正規方程式が得られる．

$$\begin{bmatrix} (n+1) & \sum_{i=0}^{n}x_i & \sum_{i=0}^{n}x_i^2 & \cdots & \sum_{i=0}^{n}x_i^m \\ \sum_{i=0}^{n}x_i & \sum_{i=0}^{n}x_i^2 & \sum_{i=0}^{n}x_i^3 & \cdots & \sum_{i=0}^{n}x_i^{m+1} \\ & \cdots & \cdots & \cdots & \\ \sum_{i=0}^{n}x_i^m & \sum_{i=0}^{n}x_i^{m+1} & \sum_{i=0}^{n}x_i^{m+2} & \cdots & \sum_{i=0}^{n}x_i^{2m} \end{bmatrix}\begin{bmatrix} a_0 \\ a_1 \\ a_2 \\ \vdots \\ a_m \end{bmatrix}=\begin{bmatrix} \sum_{i=0}^{n}y_i \\ \sum_{i=0}^{n}x_iy_i \\ \\ \sum_{i=0}^{n}x_i^my_i \end{bmatrix} \tag{6.10}$$

上式をガウス・ジョルダンの消去法などを用いて解けば，a_0，a_1，…，a_m を求めることができ，m 次多項式 $f(x)=a_mx^m+a_{m-1}x^{m-1}+\cdots+a_1x+a_0$ が求まる．

［例題 6.4］ 5 点 $(x,y)=(1.0,1.0)$，$(2.0,2.5)$，$(3.0,3.1)$，$(4.0,3.7)$，$(5.0,4.3)$ について，x と y の関係を近似する 1 次の回帰関数 $f(x)$ を最小二乗法で求めよ．

（解答） 式（6.10）において $n=4$，$m=1$ として 5 点のデータを当てはめれば次式のようになる．

$$\begin{bmatrix} 5 & \sum_{i=0}^{4}x_i \\ \sum_{i=0}^{4}x_i & \sum_{i=0}^{4}x_i^2 \end{bmatrix}=\begin{bmatrix} 5 & 1.0+2.0+3.0+4.0+5.0 \\ 1.0+2.0+3.0+4.0+5.0 & 1.0^2+2.0^2+3.0^2+4.0^2+5.0^2 \end{bmatrix}=\begin{bmatrix} 5 & 15 \\ 15 & 55 \end{bmatrix}$$

$$\begin{bmatrix} \sum_{i=0}^{n} y_i \\ \sum_{i=0}^{n} x_i y_i \end{bmatrix} = \begin{bmatrix} 1.0+2.5+3.1+3.7+4.3 \\ 1+5+9.3+14.8+21.5 \end{bmatrix} = \begin{bmatrix} 14.6 \\ 51.6 \end{bmatrix}$$

よって，式（6.10）は

$$\begin{bmatrix} 5 & 15 \\ 15 & 55 \end{bmatrix} \begin{bmatrix} a_0 \\ a_1 \end{bmatrix} = \begin{bmatrix} 14.6 \\ 51.6 \end{bmatrix}$$

上記を解けば

$$\begin{bmatrix} a_0 \\ a_1 \end{bmatrix} = \begin{bmatrix} 0.58 \\ 0.78 \end{bmatrix}$$

と得られ，1 次近似式は

$$y = 0.78x + 0.58$$

となる．

最小二乗法のアルゴリズム

---

① 初期値の設定
　データの個数 n，補間点(x_i, y_i) $(i = 1, 2, \cdots, n)$ の入力．

② 係数行列の成分を求める．
　Sx[i]$= \sum_{i=0}^{n} x_i^{2m}$（式（6.10）係数行列の成分を計算）

③ 正規方程式右辺の列ベクトルを求める．
　Sxy[i] $= \sum_{i=0}^{n} x_i^m y_i$（式（6.10）右辺の列ベクトルの成分を計算）

④ 拡大係数行列を設定し，正規方程式の解（近似多項式の係数）をガウス・ジョルダンの消去法により求める．

［例題 6.5］　5 点 $(x, y) = (1.0, 1.0)$，$(2.0, 2.5)$，$(3.0, 3.1)$，$(4.0, 3.7)$，$(5.0, 4.3)$ について，x と y の関係を近似する 1 次の回帰関数 $f(x)$ を最小二乗法で求めよ．

（解答）　C 言語によるプログラム例を 06_2.c に示す．プログラムを実行すると，以下の出力 $f(x) = 0.78x + 0.58$ が得られる．

```
-----最小二乗法のプログラム-----
データ点数 n (1 < n < 10) : 5

座標 :
  x(0) : 1.0
  y(0) : 1.0
  x(1) : 2.0
  y(1) : 2.5
  x(2) : 3.0
  y(2) : 3.1
  x(3) : 4.0
  y(3) : 3.7
  x(4) : 5.0
  y(4) : 4.3

近似多項式の次数 m (1 <=m < n): 1
近似多項式 f(x) =  0.780000 x^1 +  0.580000
```

【例題 6.5 の C 言語プログラム (06_2.c)】

```
// 06_2.c - 最小二乗法のプログラム

#include <stdio.h>
#include <math.h>

#define N          10                  // データ点数の上限/正規方程式の
元数の上限
#define TOL        1.0e-6     // 0 判定基準値

void SwitchMaxRow3(double M[][N + 1], int d, int pivot);
int GaussJordan(double A[][N + 1], int d);

int main()
{
        int i, j, k;
        int n;                                  // データ点数
        int m;                                  // 近似多項式の次数
        int cnt = 0;
        double x[N], y[N];              // 通過点の座標 x,y
        double Ab[N][N + 1];      // 正規方程式の拡大係数行列/解
```

```
double Sx[2 * N];                    // 正規方程式の係数行列の成分
double Sxy[N];                       // 正規方程式右辺の列ベクトル
double s;
char zz;

printf("-----最小二乗法のプログラム-----¥n");

while (1)
{
        printf("データ点数 n (1<n<10): ");
        scanf("%d%c", &n, &zz);
        if ((n <= 1) || (N <= n)) continue;

        printf("¥n 座標:¥n");
        for (i = 0; i < n; i ++)
        {
                printf(" x(%d): ", i);
                scanf("%lf%c", &x[i], &zz);
                printf(" y(%d): ", i);
                scanf("%lf%c", &y[i], &zz);
        }
        break;
}

while (1)
{
        printf("¥n 近似多項式の次数 m (1<=m<n): ");
        scanf("%d%c", &m, &zz);
        if ((m < 1) || (n <= m)) continue;
        break;
}

// 係数行列の成分を求める
for (i = 0; i < (2 * m + 1); i ++)
{
        if (i == 0) Sx[i] = n;
        else
        {
                Sx[i] = 0.0;
                for (j = 0; j < n; j ++)
                {
                        s - 1.0;
```

```
					for (k = 0; k < i; k ++) s *= x[j];
					Sx[i] += s;
				}
			}
		}

		// 正規方程式右辺の列ベクトルを求める
		for (i = 0; i < (m + 1); i ++)
		{
			Sxy[i] = 0.0;
			for (j = 0; j < n; j ++)
			{
				s = y[j];
				for (k = 0; k < i; k ++) s *= x[j];
				Sxy[i] += s;
			}
		}

		// 拡大係数行列を設定する
		for (i = 0; i < (m + 1); i ++)
		{
			for (j = 0; j < (m + 2); j ++)
			{
				if (j == m + 1) Ab[i][j] = Sxy[i];
				else Ab[i][j] = Sx[i + j];
			}
		}

		// 正規方程式の解（近似多項式の係数）を求める
		GaussJordan(Ab, m + 1);
		printf("近似多項式 f(x) =");
		for (i = m; i >= 0; i--)
		{
			if (i != m && Ab[i][m] >= 0.0) printf(" +");
			else printf(" ");

			printf("%10.6lf", Ab[i][m + 1], i);
			if (i > 0) printf(" x^%d", i);
		}
		printf("¥n");

	return 0;
```

```
}

//------------------------------------------------------------
// 【機能】 ガウス・ジョルダン法で連立方程式の解を求める
// 【引数】 A: 拡大係数行列／解, d: 係数行列の次数
// 【戻り値】 無し
//------------------------------------------------------------
int GaussJordan(double A[][N + 1], int d)
{
	int i, j, k;
	double pivot;	//	対角成分
	double c;	//	掃出し計算用の係数

	// 掃出しにより係数行列を対角化する
	for (i = 0; i < d; i ++)
	{
		// 行を入れ替える
		SwitchMaxRow3(A, d, i);

		if (fabs(A[i][i]) < TOL)
		{
			printf("一意解無し ¥n");
			exit(1);
		}
		pivot = A[i][i];

		// 対角成分で除算する
		for (j = i; j < d + 1; j ++) A[i][j] /= pivot;

		// 他の行の同列成分を 0 にする
		for (j = 0; j < d; j ++)
		{
			if (j == i) continue;

			c = A[j][i];
			for (k = i; k < d + 1; k ++) A[j][k] -= c * A[i][k];
		}
	}

	return 0;
}

//------------------------------------------------------------
```

```
//【機能】行列のある対角成分について，同列で絶対値最大の行と入れ替える
//【引数】M: 対象の行列，d: 行列の次数，pivot: 対角成分の ID
//【戻り値】無し
//------------------------------------------------------------------
void SwitchMaxRow3(double M[][N + 1], int d, int pivot)
{
	int		i, j;
	int max;
	double tmp;

	max = pivot;

	// 絶対値が最大の行を探す
	for (i = pivot + 1; i < d; i ++)
	{
		if (fabs(M[i][pivot]) > fabs(M[max][pivot])) max = i;
	}
	if (max == pivot) return;

	// 行を入れ替える
	for (i = pivot; i < d + 1; i ++)
	{
		tmp = M[pivot][i];
		M[pivot][i] = M[max][i];
		M[max][i] = tmp;
	}
}
```

Excel による最小二乗法

Excel には標準で最小二乗法の計算を行う機能があるので，それを利用すれば，図 6.5 のように容易に近似曲線を描くことができる（操作方法については Excel のマニュアル等を参照されたい）．

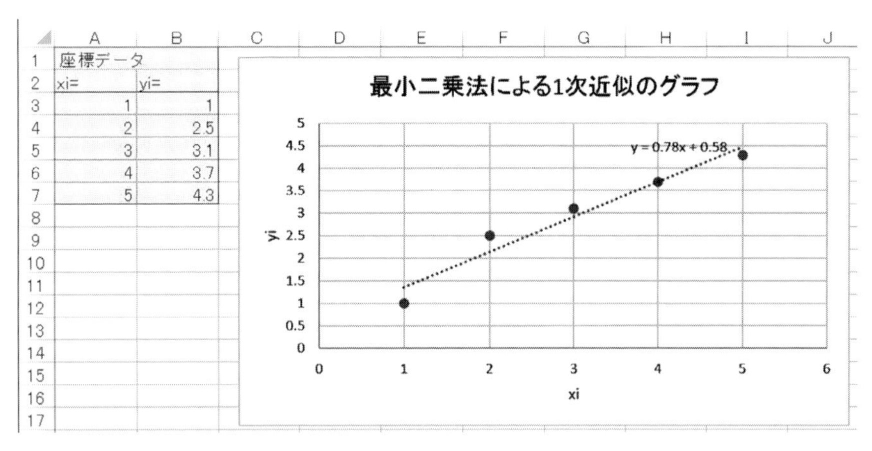

図 6.5　Excel による最小二乗法のグラフ作成

〈演習問題〉

6.1　ラグランジュ補間法と最小二乗法の手法，特徴を比較してまとめよ．

6.2　ラグランジュ補間法と最小二乗法の計算アルゴリズム（103 頁，109 頁）のそれぞれのパートに対応するプログラム部分を例題 6.3 の MATLAB プログラムおよび例題 6.5 の C 言語プログラムから抜き出して説明せよ．

6.3　例題 6.3 のラグランジュ補間法の MATLAB プログラムに相当するプログラムを C 言語で作成せよ．

6.4　例題 6.5 の最小二乗法の C 言語プログラムに相当するプログラムを MATLAB で作成せよ．

6.5　4 点 $(x, y)=(1, -0.4)$，$(1.2, -0.2)$，$(1.7, 0.9)$，$(2, 1.5)$ を通る 3 次関数 $f(x)$ をラグランジュの補間法で補間し，$f(x)=0$ となる x を求めよ．

6.6　7 点 $(x, y)=(0.2, 11.5)$，$(0.6, 4.2)$，$(1.1, 3.1)$，$(2.0, 2.2)$，$(3.8, 2.3)$，$(7.0, 3.5)$，$(9.0, 4.5)$ について，x と y の関係を近似する 2 次の回帰関数 $f(x)$ を最小二乗法で求めよ．

7 数値積分法

章の要約

関数 $f(x)$ が解析的に簡単に積分できないような場合，数値計算により定積分

$$\int_a^b f(x)dx$$

の近似値を求めることができる．上記の定積分の値は関数 $f(x)$ と x 軸とで（x が a から b までの範囲で）囲まれた面積に等しいため，その面積を数値計算で求めればよい．本章では数値積分法として，台形公式，シンプソンの公式，ニュートン・コーツ法，ガウスの積分公式，ロンバーグ積分法を取り上げて説明する．

7.1 数値積分法の考え方

関数 $f(x)$ を $x_0(=a)$ から $x_n(=b)$ まで定積分する場合，関数 $f(x)$ と x 軸とで囲まれた面積を求めればよい．そこで，数値積分法では，図 7.1 のように x 軸上で n 等分になるよう小面積 $S_1, S_2, \cdots, S_n$ に分割し，それらの和 $S=S_1+S_2+\cdots+S_n$ 求めればよい．

ここで，1 つの小面積 S_i を図 7.2 に拡大して示す．

図 7.2（a）では，小面積 S_i を長方形で，（b）では台形で求めている．（a）による方法を区分求積法，（b）による方法を台形公式法と呼ぶ．図 7.2（c）では，(x_{i-1}, y_{i-1}) と (x_i, y_i) を結ぶ曲線を m 次曲線で近似している．この方法を

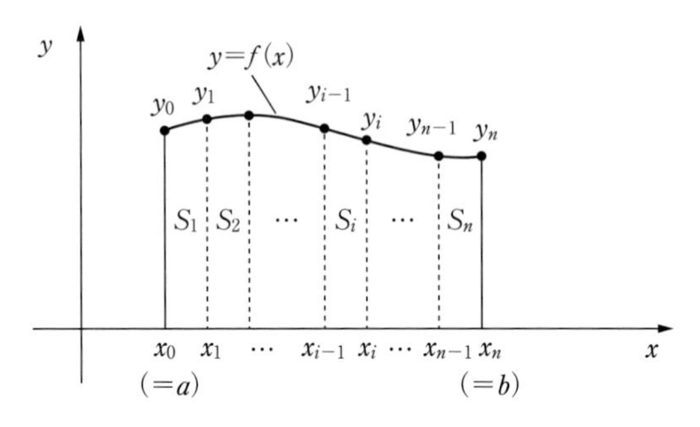

図 7.1 数値積分法の考え方

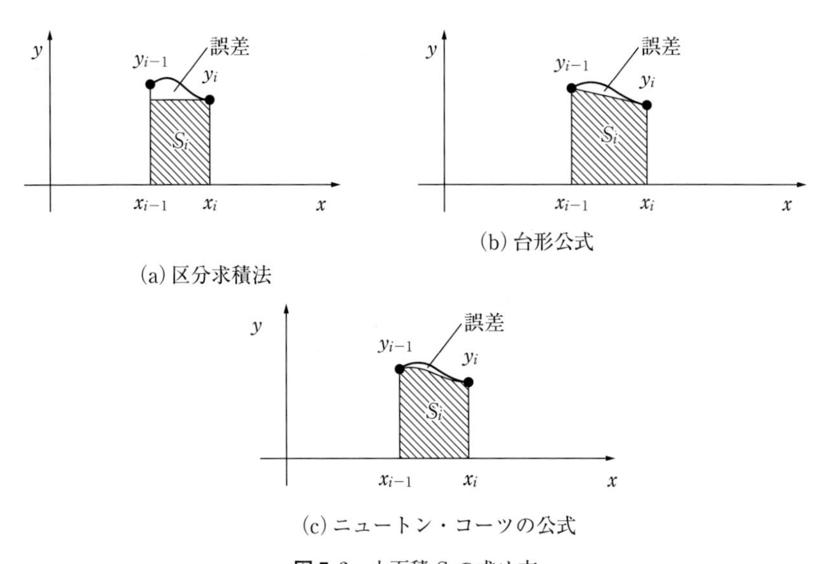

図 7.2 小面積 S_i の求め方

ニュートン・コーツの公式という．また，ニュートン・コーツの公式のうち $m=2$ すなわち 2 次曲線で近似する場合をシンプソンの公式という．なお，台形公式は $m=1$ すなわち 1 次直線で近似する場合に相当する．それぞれ数値積分法の計算誤差は図 7.2 からもわかるように，ニュートン・コーツの公式の次数 m が大きい方が誤差小さく，区分求積法が最も誤差が大きい．

7.2 台形公式

台形公式（trapezoidal rule）は，図7.2（b）のように小面積 S_i を台形の面積で求める方法である．定積分

$$\int_a^b f(x)dx$$

に対して，積分区間を n 等分して各小区間の刻み幅を $h=(b-a)/n$ として計算する．各小面積は台形の面積の公式より関数値 $y_i=f(x_i)$ $(i=0, 1, \cdots, m)$ に対して

$$\int_a^b f(x)dx \fallingdotseq \frac{h}{2}\sum_{i=1}^{n}\{y_{i-1}+y_i\}=\frac{h}{2}\{y_0+2(y_1+\cdots+y_{n-1})+y_n\} \qquad (7.1)$$

と求まる．上式を台形公式と呼ぶ．台形公式の誤差はほぼ h^2 に比例する．このため，h を小さくするほど打ち切り誤差は減るが，計算回数が増えることで丸め誤差が増えるため適切な刻み幅を設定する必要がある．

台形公式のアルゴリズム

① 初期値の設定
始点 a，終点 b，刻み幅 h の設定

② 台形公式の計算
・刻み幅を求める．
h = (b - a) / n ;
・式（7.1）により分割点における関数値の和を求め，積分 S の値を求める．

［例題 7.1］ 定積分 $\int_1^2 \frac{1}{x^2}dx$ について，積分区間を 4 等分する台形公式法で計算する C 言語プログラムを作成せよ．

（解答） C 言語によるプログラム例を 07_1.c に示す．プログラムを実行すると，以下の出力が得られる．

```
-----台形公式法のプログラム-----
積分区間の始点：1
積分区間の終点：2
積分区間の分割数：4
積分値 =    0.508994
```

【例題 7.1 の C 言語プログラム（07_1.c)】

```
// 07_1.c - 台形公式法のプログラム

#include <stdio.h>
#include <math.h>

double func(double x);

int main()
{
        int i;
        int n;                              // 積分区間の分割数
        double a, b;                  // 積分区間の始点，終点
        double h;                           // 積分の刻み幅
        double ss = 0.0;          // 分割点の関数値の和
        double S;                           // 積分値
        char zz;

        printf("-----台形公式法のプログラム-----¥n");

        while (1)
        {
                printf("積分区間の始点: ");
                scanf("%lf%c", &a, &zz);
                if (a == 0) continue;

                break;
        }
        while (1)
        {
                printf("積分区間の終点: ");
                scanf("%lf%c", &b, &zz);
                if (b == 0 || b <= a) continue;

                break;
```

```
        }
        while (1)
        {
                printf("積分区間の分割数: ");
                scanf("%d%c", &n, &zz);
                if (n < 1) continue;

                break;
        }

        // 刻み幅を求める
        h = (b - a) / n;

        // 分割点における関数値の和を求める
        for (i = 1; i < n; i ++) ss += func(a + h*i);

        // 積分値を求める
        S = h * ((func(a) + func(b)) / 2 + ss);

        printf("積分値 = %10.6lf¥n", S);

    return 0;
}

//--------------------------------------------------
// 【機能】 ある変数値における関数値を求める
// 【引数】 x: 変数値
// 【戻り値】 関数値
//--------------------------------------------------
double func(double x)
{
        return 1.0 / (x * x);
}
```

7.3 ニュートン・コーツの公式

ニュートン・コーツの公式（Newton-Cotes rules）では，図 7.2（c）のように $f(x)$ を m 次曲線で近似する．まず，積分区間を n 等分に分割した小面積 S_i を計算することを考える．小面積における区間 $[\alpha, \beta]$ をさらに $h=(\beta-\alpha)/m$ の等間隔で m 等分し，分点を x_0 $(=\alpha), x_1, \cdots, x_m$ $(=b)$ とする．これらの分点における関数値

$$y_j = f(x_j) \quad (j=0, 1, \cdots, m)$$

を計算し，それらの点をすべて通る m 次の近似曲線を6.2節で述べたラグランジュの補間公式（6.2）により以下のように求める．

$$f(x) \fallingdotseq p_m(x) = \sum_{k=0}^{m} y_k l_k(x) \tag{7.2}$$

ただし

$$l_k(x) = \prod_{\substack{j=0 \\ j \neq k}}^{m} \frac{x - x_j}{x_k - x_j} \tag{7.3}$$

これを用いて定積分を求めれば

$$\int_{\alpha}^{\beta} f(x)dx \fallingdotseq \int_{\alpha}^{\beta} \sum_{k=0}^{m} y_k l_k(x)dx = \sum_{k=0}^{m} \left(y_k \int_{\alpha}^{\beta} l_k(x) \right) dx \tag{7.4}$$

ここで，$l_k(x)$ の積分を計算するため，$t=(x-\alpha)/h$ と変数変換すれば，$x=x_j$ のとき $t=j$ となるので

$$\int_{\alpha}^{\beta} l_k(x)dx = h\int_{0}^{m} \left(\prod_{\substack{j=0 \\ j \neq k}}^{m} \frac{t-j}{k-j} \right) dt$$

そこで

$$w_k = \int_{0}^{m} \left(\prod_{\substack{j=0 \\ j \neq k}}^{m} \frac{t-j}{k-j} \right) dt \tag{7.5}$$

とおき，w_k をあらかじめ計算して係数を求めておけば

$$S_i = \int_{\alpha}^{\beta} f(x)dx \fallingdotseq h\sum_{k=0}^{m} y_k w_k \tag{7.6}$$

により数値積分が求まる．これをニュートン・コーツの公式という．本公式を用いて数値積分を行う場合は，等間隔に n 分割されたそれぞれの小面積 S_i をさらに m 等分して，m 次のニュートン・コーツの公式を使って計算し合計することで積分の全区間を求める．この場合，全区間の分点は $(nm+1)$ 個となり，分点の間隔（刻み幅 h）は $h=(b-a)/(nm)$ となる．

［例題7.2］　ニュートン・コーツの公式において $m=1$ の場合に台形公式と一致することを示せ．

（解答）　積分の全区間を n 分割した区間 $[x_i, x_{i+1}]$ の小面積を求める．式（7.5）より

$$w_0=\int_0^1 \frac{t-1}{-1}dt=\frac{1}{2}$$

$$w_1=\int_0^1 \frac{t}{1}dt=\frac{1}{2}$$

よって，式（7.6）より

$$S_i \fallingdotseq \frac{h}{2}(y_i+y_{i+1}) \tag{7.7}$$

となる．よって全区間の積分は

$$S \fallingdotseq \sum_{k=0}^{n-1} S_i=\frac{h}{2}\{y_0+2(y_1+\cdots+y_{n-1})+y_n\}$$

上式は，式（7.1）と一致する．

7.4　シンプソンの公式

シンプソンの公式（Simpson's rule）は，ニュートン・コーツの公式において $m=2$ の場合（すなわち $f(x)$ を 2 次関数で近似）に相当する．まず，図 7.3 のように積分の全区間を n 分割した区間 $[x_{2i}, x_{2i+2}]$ の小面積 S_i を求める．

式（7.5）より

$$w_0=\int_0^2 \frac{t-1}{-1}\cdot\frac{t-2}{-2}dt=\frac{1}{3}$$

$$w_1=\int_0^2 \frac{t}{1}\cdot\frac{t-2}{-1}dt=\frac{4}{3}$$

$$w_2=\int_0^2 \frac{t}{2}\cdot\frac{t-1}{1}dt=\frac{1}{3}$$

よって，式（7.6）より

$$S_i \fallingdotseq \frac{h}{3}(y_{2i}+4y_{2i+1}+y_{2i+2}) \tag{7.8}$$

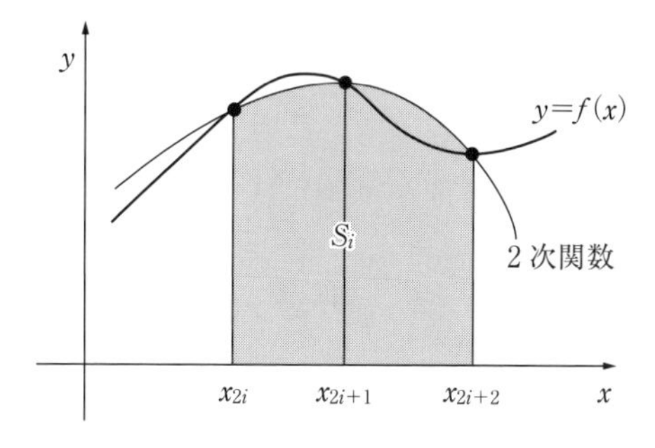

図 7.3　シンプソン法の小面積

となる．よって全区間の積分は

$$S \fallingdotseq \sum_{k=0}^{n-1} S_i = \frac{h}{3}\{y_0 + 4(y_1 + 4y_3 + \cdots + y_{n-1}) + 2(y_2 + 4y_4 + \cdots + y_{n-2}) + y_n\}$$

$$= \frac{h}{3}\left(y_0 + 4\sum_{i=1}^{n/2} y_{2i-1} + 2\sum_{i=1}^{\frac{n}{2}-1} y_{2i} + y_n\right) \tag{7.9}$$

これをシンプソンの公式と呼ぶ．なお高次のラグランジュ補間を用いると106頁で述べたルンゲ現象によりかえって結果が悪くなることがあるので，次数の高いニュートン・コーツの公式はあまり用いられない．

[例題 7.3]　定積分 $\int_1^2 \frac{1}{x^2} dx$ について，Excel を使って積分区間を4等分するシンプソンの公式で計算せよ．

（解答）

1）　まず分割数，始点，終点を図7.4の A3セル～C3セル，計算回数 i を E3セル～E7セル に入力する．

2）　シンプソン法に基づき，以下のようにセルを設定する．

〈セル設定〉

・刻み幅 h の設定

D3セル　= (C3 - B3) / A3

・x_i，y_i の設定

F3セル　= B3

F4セル　= F3 + D$3（以下，F7セル までオートフィルで入力）

G3セル　= 1 / (F3*F3)（以下，G7セル までオートフィルで入力）

・式（7.9）に基づき，偶数部分，奇数部分の計算

H3セル　= IF (MOD(E3,2) = 0,G3,0)（以下，H7セル までオートフィルで入力）

I3セル　= IF(MOD(E3,2) = 1,G3,0)（以下，I7セル までオートフィルで入力）

ただし，MOD は割り算の余りを求める関数で，X が偶数なら MOD(X，2)＝0，奇数なら MOD(X，2)＝1 となる．

・偶数部分，奇数部分の総和の計算

H9セル　= SUM(H4：H6)

	A	B	C	D	E	F	G	H	I	J
1	分割数	始点	終点	刻み幅				偶数部分	奇数部分	積分値
2	n=	a=	b=	h=	i=	xi=	yi=			
3	4	1	2	0.25	0	1	1	1	0	0.500418
4					1	1.25	0.64	0	0.64	
5					2	1.5	0.444444	0.444444	0	
6					3	1.75	0.326531	0	0.326531	
7					4	2	0.25	0.25	0	
8								総和		
9								0.444444	0.966531	

図 7.4　シンプソンの公式による計算

I9 セル　= SUM(I3：I7)

・積分値の計算

J3 セル　= D3*(G3 + 4*I9 + 2*H9 + G7)/3　式（7.9）に対応

真値（0.5）に対して誤差は 0.000418 となり，例題 7.1 の台形公式に比べるとより正確な値が得られていることがわかる.

[例題 7.4]　例題 7.3 の問題を MATLAB により計算せよ.

（解答）　MATLAB によるプログラム例を e072.m に示す．プログラムを実行すると，以下の出力が得られる.

```
>> e072

S =
   0.5004
```

【例題 7.4 の MATLAB プログラム（e072.m)】

```
% シンプソン法のプログラム

a = 1; % 積分区間の始点
b = 2; % 終点
n = 4; % 積分区間の分割数
```

```
% シンプソン法を実行する
S = simpson(a,b,n)}
```

```
function S = simpson(a,b,n)
%  機能: シンプソン法によってある関数の定積分を求める
%  a,b: 積分区間の始点，終点
%  n: 積分区間の分割数
%  戻り値: 積分値

so = 0.0; % 奇数 ID の項
se = 0.0; % 偶数 ID の項

% 刻み幅を求める
h = (b - a) / n;

% 奇数 ID の項を求める
for i=1:(n / 2)
        so = so + e072f(a + h*(2 * i - 1));
end

% 偶数 ID の項を求める
for i=1:((n / 2) - 1)
        se = se + e072f(a + h*(2 * i));
end

% 積分値を求める
S = (e072f(a) + e072f(b) + (4 * so) + (2 * se)) * h / 3;

end

function f = e072f(x)
%  機能: ある変数値における関数値を求める
%  x: 変数値
%  戻り値: 関数値

f = 1.0 / (x * x);
end
```

7.5 ガウスの積分公式

ニュートン・コーツの公式では，小面積を等間隔に分割して計算を行ったが，分割を不等間隔にして計算誤差ができるだけ少なくなるようにした方法に

表 7.1 ガウスの積分公式の分点x_iと重み w_i の位置

点の個数 $n+1$	分点 x_i	重み w_i
2	$+\sqrt{1/3}$	1
3	0	8/9
	$+\sqrt{3/5}$	5/9
4	$\pm\sqrt{(3-2\sqrt{6/5})/7}$	$\dfrac{18+\sqrt{30}}{36}$
	$\pm\sqrt{(3+2\sqrt{6/5})/7}$	$\dfrac{18-\sqrt{30}}{36}$
5	0	128/225
	$\pm\dfrac{1}{3}\sqrt{5-2\sqrt{10/7}}$	$\dfrac{322+13\sqrt{70}}{900}$
	$\pm\dfrac{1}{3}\sqrt{5+2\sqrt{10/7}}$	$\dfrac{322-13\sqrt{70}}{900}$

次式に示す**ガウスの積分公式**（Gaussian quadrature rule）がある（**ガウス・ルジャンドル公式**（Gauss–Legendre quadrature rule）とも呼ばれる）.

$$S_i=\int_{\alpha}^{\beta} f(x)dx \fallingdotseq \frac{\beta-\alpha}{2}\sum_{i=1}^{n} y_i w_i \tag{7.10}$$

ただし

$$y_i=f\left(\frac{\alpha+\beta}{2}+\frac{\beta-\alpha}{2}x_i\right) \tag{7.11}$$

ここで，y_i を求めるための $n+1$ 個の分点 x_i と重み係数 w_i の位置は表 7.1 のように与えられる.

この表の分点の位置 x_i は以下の**ルジャンドル多項式**（Legendre polynomial）を漸化式の形で表した次式の根により計算できる.

$$P_{n+1}(x_i)=\frac{2n+1}{n+1}x_i P_n(x_i)-\frac{n}{n+1}P_{n-1}(x_i) \quad (n=1, 2, \cdots) \tag{7.12}$$

ただし，$P_0(x_i)=1$，$P_1(x_i)=x_i$ である．分点の位置 x_i は $P_n(x_i)=0$ を解くことで得られる．たとえば，2 分点（$n=1$）のときは

$$P_2(x_i)=\frac{3x_i^2-1}{2}=0$$

となり，$x_{1,2}=\pm\sqrt{1/3}$ と求まる.

また，重み w_i の値は次式により求められる．

$$w_i = \frac{2}{(1-x_i^2)(P'_{n+1}(x_i))^2} \tag{7.13}$$

ガウスの積分公式ではニュートン・コーツの公式と同じく，ラグランジュ補間の考え方が使われている．ここで，補間のための多項式にルジャンドル多項式を用いると n 分点で $2n-1$ 次のニュートン・コーツの公式に相当する計算精度が得られることを利用している．

なお，比較的性質のよい被積分関数 $f(x)$ の場合は全積分区間にガウスの積分公式を適用しても高い精度が得られるが，性質の良くない被積分関数や積分区間が大きいような場合は，ニュートン・コーツの公式の場合と同様に，積分の全区間を n 分割した小面積 S_i に対してガウスの積分公式を適用すればよい．

[例題 7.5] 定積分 $\int_0^\pi x\cos x\,dx$ について，三分点のガウスの積分公式による数値解を小数点以下6桁の精度で計算せよ．

(解答) まず式 (7.11) および表 7.1 より

$$x_1 = \left(\frac{0+\pi}{2} + \frac{\pi-0}{2} \times (-\sqrt{3/5})\right) = 0.354063$$

$$x_2 = \left(\frac{0+\pi}{2} + \frac{\pi-0}{2} \times 0\right) = 1.570796$$

$$x_3 = \left(\frac{0+\pi}{2} + \frac{\pi-0}{2} \times \sqrt{3/5}\right) = 2.787530$$

よって

$$y_1 = 0.354063 \times \cos(0.354063) = 0.332101$$

$$y_2 = 1.570796 \times \cos(1.570796) = 0.000001$$

$$y_3 = 2.787530 \times \cos(2.787530) = -2.614625$$

式 (7.10) より

$$S_i = \int_0^\pi x\cos x dx \fallingdotseq \frac{\pi-0}{2}\left\{(0.332101) \times \left(\frac{5}{9}\right) + (0.000001) \times \left(\frac{8}{9}\right) + (-2.614625) \times \left(\frac{5}{9}\right)\right\}$$

$$= -1.991878$$

解析解は -2 であるので，誤差は 0.008122 となる．このようにわずか3点における被積分関数 $f(x)$ の値を求めるだけで，高い計算精度が得られることがわかる．

[例題 7.6]　例題 7.5 を解く C 言語プログラムを作成せよ．

(解答)　C 言語によるプログラム例を 07_3.c に示す．プログラムを実行すると，以下の出力が得られる．

```
-----ガウス法のプログラム-----
積分値 =   -1.991882
解析解 = -2.0
誤差 =    0.008118
```

【例題 7.6 の C 言語プログラム (07_3.c)】

```
// 07_3.c - ガウスの積分公式のプログラム

#include <stdio.h>
#include <math.h>

#define PI          3.141593          // π

double func(double x);

int main()
{
        int i;
        double a = 0.0;          // 積分区間の始点
        double b = PI;           // 積分区間の終点
        double x;
        double t[3] = {
                -0.774597,  // -(3/5)^(1/2)
                0.0,
                0.774597    // (3/5)^(1/2)
        };                                  // 分点
        double w[3] = {
                0.555556,
                0.888889,
                0.555556
        };                                  // 重み
        double S;                   // 積分値

        printf("-----ガウスの積分公式のプログラム-----¥n");
```

```
		// 積分値を求める
		S = 0.0;
		for (i = 0; i < 3; i ++)
		{
			x = (a + b) / 2.0 + t[i] * (b - a) / 2.0;
			S += w[i] * func(x);
		}
		S *= (b - a) / 2.0;

		printf("積分値 = %10.6lf¥n", S);
		printf("解析解 = -2.0¥n");
		printf("誤差 = %10.6lf¥n", fabs(-2.0 - S));

	return 0;
}

//-----------------------------------------------
// 【機能】 ある変数値における関数値を求める
// 【引数】 x: 変数値
// 【戻り値】 関数値
//-----------------------------------------------
double func(double x)
{
		return x * cos(x);
}
```

7.6 ロンバーグ積分法

ロンバーグ積分法（Romberg integration）は，積分$\int_a^b f(x)dx$を台形公式をベースとした逐次近似により精度の高い積分値を求めようとする方法である．いま，台形公式において分割数を $n=i^2=0, 1, 2, 4, 8, 16, \cdots (i=0, 1, 2, 3, \cdots)$，刻み幅 $h_i=\dfrac{b-a}{2^i}$ としたときの台形公式による計算値 S_i を順次求めていくことを考える．台形公式（7.1）より，関数値 $y_i=f(x_i)\,(i=0, 1, \cdots, m)$ に対して次の計算を考える．

$$S_0=\frac{h_0}{2}\{y_0+y_1\} \qquad (h_0=b-a)$$

$$S_1=\frac{h_1}{2}\{y_0+2y_1+y_2\} \qquad \left(h_1=\frac{b-a}{2}\right)$$

$$S_2=\frac{h_2}{2}\{y_0+2(y_1+y_2+y_3)+y_4\} \qquad \left(h_2=\frac{b-a}{4}\right)$$

$$\cdots$$

$$S_i=\frac{h_i}{2}\{y_0+2(y_1+\cdots+y_{2^i-1})+y_{2^i}\} \qquad \left(h_i=\frac{b-a}{2^i}\right)$$

図 7.5 に刻み幅 $h_i\left(=\frac{b-a}{2^i}\right)$ を横軸に，S_i の推定値を縦軸に取ったものを示す．数列 $S_0, S_1, S_2, \cdots, S_i$ は $i\to\infty$ とすれば，（丸め誤差などを除外すれば）真値に収束する．実際には無限大までの計算はできないので，ロンバーグ積分法では $S_0, S_1, S_2, \cdots, S_i$ の値から $h_\infty=\frac{b-a}{2^\infty}$ のときの S_∞ の値を外挿（補外）により求める．以下ではその概要を述べる．

台形公式における計算値 S_i と真値 S との誤差はほぼ h^2 に比例することがわかっている．そのため，h を 1/2 にすると誤差は約 1/4 となる．いま S_i の初回の推定値を $S_i^{(0)}$，積分値の真値を S とすると

$$S_i-S \fallingdotseq gh_i^2$$

$$S_{i+1}-S \fallingdotseq (gh_i^2)/4$$

ここで，g は定数であり，上式から gh_i^2 を消去し，S の推定結果を $S_i^{(1)}$ とすれば，次式が得られる．

$$S_i^{(1)}=\frac{4S_{i+1}-S_i}{3} \tag{7.14}$$

上記の 1 回目の推定結果を使って図 7.5 のようにさらに精度を高めた 2 回目の推定値 $S_i^{(2)}$ を次式のように求めることができる．

$$S_i^{(2)}=\frac{4^2S_{i+1}^{(1)}-S_i^{(1)}}{4^2-1} \tag{7.15}$$

同様に，3 回目の推定は

$$S_i^{(3)}=\frac{4^3S_{i+1}^{(2)}-S_i^{(2)}}{4^3-1} \tag{7.16}$$

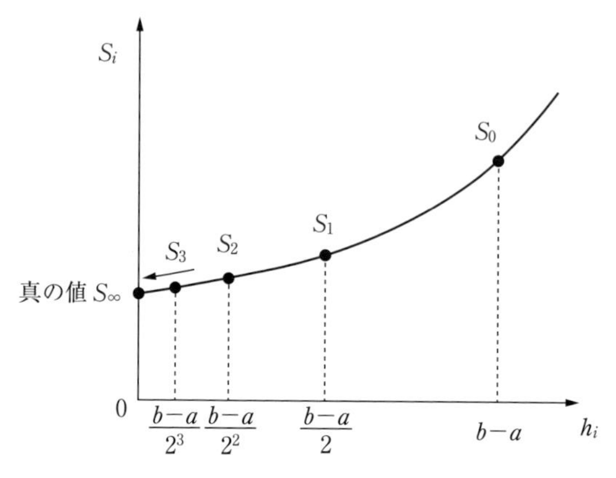

図 7.5 外挿により S_∞ の値を求める

となる．一般に k 回目の推定は次式で求められる．

$$S_i^{(k)}=\frac{4^k S_{i+1}^{(k-1)}-S_i^{(k-1)}}{4^k-1} \tag{7.17}$$

［例題 7.7］ 定積分 $\int_0^1 e^x dx$ について，積分区間を $i=3$（2^3 分割）までの台形公式法に基づき推定するロンバーグ積分法で計算し，それぞれの計算過程において解析解（$e^1-1=1.7182818285\cdots$）との誤差を計算せよ．

（解答） 表 7.2（a）の第 3 列のように，刻み幅 $h=1, 0.5, 0.25, 0.125$ のときの台形公式における計算値 S_i をまず計算する．次にこれを利用して

$$S_0^{(1)}=\frac{4S_1-S_0}{3}=1.718861152$$

$$S_1^{(1)}=\frac{4S_2-S_1}{3}=1.718318842$$

$$S_2^{(1)}=\frac{4S_3-S_2}{3}=1.718284155$$

のように求まる．次に 2 回目の推定は

$$S_0^{(2)}=\frac{4^2 S_1^{(1)}-S_0^{(1)}}{4^2-1}=1.718282688$$

$$S_1^{(2)}=\frac{4^2 S_2^{(1)}-S_1^{(1)}}{4^2-1}=1.718281842$$

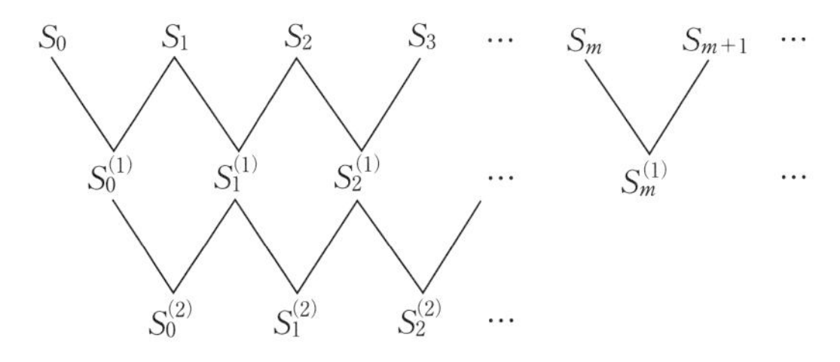

図7.6 ロンバーグ積分法による推定値の計算

表7.2 ロンバーグ積分法による計算結果と誤差

（a）計算結果

i	h	S_i(台形公式)	$S_i^{(1)}$	$S_i^{(2)}$	$S_i^{(3)}$
0	1	1.859140914	1.718861152	1.718282688	1.718281829
1	0.5	1.753931092	1.718318842	1.718281842	
2	0.25	1.727221905	1.718284155		
3	0.125	1.720518592			

（b）計算誤差

i	h	S_i(台形公式)	$S_i^{(1)}$	$S_i^{(2)}$	$S_i^{(3)}$
0	1	0.140859086	0.000579323	8.59466×10^{-7}	3.35485×10^{-10}
1	0.5	0.035649264	3.70135×10^{-5}	1.37594×10^{-8}	
2	0.25	0.008940076	2.32624×10^{-6}		
3	0.125	0.002236764			

さらに3回目の推定は

$$S_0^{(3)}=\frac{4^3S_1^{(2)}-S_0^{(2)}}{4^3-1}=1.718281829$$

となる．これらの計算結果と真値との誤差をそれぞれ表7.2 (a)，(b) に示す．

以上の結果より，$S_0^{(3)}$ で誤差は 3.35485×10^{-10} まで減少していることがわかる．

ロンバーグ積分法のアルゴリズム

---

① 初期値の設定

始点 a，終点 b，収束判定条件，最大反復回数の入力

② 台形公式の計算

・初期計算

・台形公式による逐次計算

・台形公式の収束判定

③ ロンバーグ積分法の計算

(i) $i \leftarrow n$

(ii) 反復　$k=1, 2, \cdots, n$

$i \leftarrow i-1$

$$S_i^{(k)}=\frac{4^k S_{i+1}^{(k-1)}-S_i^{(k-1)}}{4^k-1}$$

$i>=1$ のときなら関数値 $\leftarrow S_i^{(k)}$ として終了．

［例題 7.8］ 定積分 $\int_0^1 e^x dx$ をロンバーグ積分法で計算する C 言語プログラムを作成せよ．ただし，収束判定条件の誤差の閾値を 0.0001，最大反復回数を 4 とする．

（解答） C 言語によるプログラム例を 02_1.c に示す．プログラムを実行すると，以下の出力が得られる．

```
-----ロンバーグ積分法のプログラム-----
積分区間の始点：0
積分区間の終点：1
収束判定条件の誤差の閾値：0.0001
最大反復回数：4

積分値 = 1.718284154700
解析解 = 1.718281828459
誤差 = 0.000002326241
```

【例題 7.8 の C 言語プログラム（07_4.c）】

```
// 07_4.c - ロンバーグ法のプログラム

#include <stdio.h>
#include <math.h>

#define IMAX   10                              // 最大反復回数の最大値
#define EMIN   1.0e-10                      // 誤差の閾値の最小値

double trapezoidal(double a, double b, int n);
double func(double x);

int main()
{
        int i, j, k;
        int ite;                                          // 最大反復回数
        int n = 1;                                          // 積分区間の分割数
        int m;                                             // 分割数を決める指数
(n = 2^m)
        double a;                                              // 積分区間の始点
        double b;                                              // 積分区間の終点
        double e = 0.0;                                  // 収束判定の誤差の閾値
        double S[IMAX + 1][IMAX + 1];           // 積分値[反復回数]
[分割数を決める指数]
        double Sc = 0.0;                                  // 収束した積分値
        char zz;

        printf("-----ロンバーグ法のプログラム-----¥n");

        while (1)
        {
                printf("積分区間の始点: ");
                scanf("%lf%c", &a, &zz);

                break;
        }
        while (1)
        {
                printf("積分区間の終点: ");
                scanf("%lf%c", &b, &zz);
                if (b <= a)  continue;
```

```
			break;
	}
	while (1)
	{
			printf("収束判定条件の誤差の閾値: ");
			scanf("%lf%c", &e, &zz);
			if (fabs(e) < EMIN) continue;

			break;
	}
	while (1)
	{
			printf("最大反復回数: ");
			scanf("%d%c", &ite, &zz);
			if (ite <= 0 || ite > IMAX) continue;

			break;
	}
	printf("¥n");

	// 台形公式法によって積分値を求める
	S[0][0] = trapezoidal(a, b, 1);

	for (i = 1; i <= ite; i ++)
	{
			// 分割数を求める
			n = pow(2.0, i);

			// 台形公式法によって積分値を求める
			S[0][i] = trapezoidal(a, b, n);

			// 収束判定を行う
			if (fabs(S[0][i] - S[0][i - 1]) < e)
			{
					Sc = S[0][i];
					break;
			}

			m = i - 1;
			for (k = 1; k <= i; k ++ , m--)
			{
					// 推定値を求める
					S[k][m] = (pow(4.0, k) * S[k - 1][m + 1] - S
```

```
[k - 1][m]) / (pow(4.0, k) - 1.0);

                              // 収束判定を行う
                              if (m >= 1 && fabs(S[k][m] - S[k][m-1]) < e)
                              {
                                        Sc = S[k][m];
                                        break;
                              }
                    }
                    if (Sc > 0) break;
          }
          if (Sc > 0) printf("計算結果: 収束 (反復回数 = %d)¥n", k);
          else
          {
                    printf("計算結果: 未収束 ¥n");
                    Sc = S[ite][0];
          }

          printf("積分値 = %.12lf¥n", Sc);
          printf("解析解 = %.12lf¥n", exp(1.0) - 1.0);
          printf("誤差 = %.12lf¥n", fabs((exp(1.0) - 1.0) - Sc));

   return 0;
}

//-------------------------------------------------------------
// 【機能】 台形公式法によってある関数の定積分を求める
// 【引数】 a, b: 積分区間の始点, 終点
//          n: 積分区間の分割数
// 【戻り値】 積分値
//-------------------------------------------------------------
double trapezoidal(double a, double b, int n)
{
          int i;
          double h;                    // 積分の刻み幅
          double ss = 0.0;             // 分割点の関数値の和
          double S;                    // 積分値

          // 刻み幅を求める
          h = (b - a) / n;

          // 分割点における関数値の和を求める
          for (i = 1; i < n; i ++) ss += func(a + h*i);
```

```
        // 積分値を求める
        S = h * ((func(a) + func(b)) / 2 + ss);

        return S;
}

//------------------------------------------------
// 【機能】 ある変数値における関数値を求める
// 【引数】 x: 変数値
// 【戻り値】 関数値
//------------------------------------------------
double func(double x)
{
        return exp(x);
}
```

［**例題 7.9**］ 例題 7.8 の問題を Excel の VBA により解け.

(解答) VBA によるプログラム e074 () を組み込んだ Excel による実行結果を, 図 7.7 に示す.

	A	B	C	D	E	F	G	H	I	J	K	L	M	N
1	始点	終点	誤差の閾	最大反復回数		反復回数						積分値	解析解	誤差
2	a=	b=	e=	ite=	i	0	1	2	3	4	5			
3	0	1	1.00E-10	5	0	1.859141	1.718861	1.718283	1.718282	1.718282		1.718282	1.718282	5.33E-15
4					1	1.753931	1.718319	1.718282	1.718282					
5					2	1.727222	1.718284	1.718282	1.718282					
6					3	1.720519	1.718282	1.718282						
7					4	1.718841	1.718282							
8					5	1.718422								

図 7.7 ＶＢＡを用いたロンバーグ積分法による解

【例題 7.9 の VBA プログラム (e074 ())】

```
'ロンバーグ法のプログラム
Sub e074()

        Dim a As Double '積分区間の始点
        a = Cells(3, 1).Value
        Dim b As Double '積分区間の終点
        b = Cells(3, 2).Value
        Dim e As Double '誤差の閾値
        e = Cells(3, 3).Value
```

```
        Dim ite As Integer '最大反復回数
        ite = Cells(3, 4).Value
        Dim S(10) As Double '積分値
        Dim Sc As Double '収束した積分値
        Sc = 0#
        Dim n As Integer '分割数
        Dim m As Integer, i As Integer, k As Integer

        '台形公式法によって積分値を求める
        S(0) = trape(a, b, 1)
        Cells(3, 6).Value = S(0)

        For i = 1 To ite

                '分割数を求める
                n = 2# ^ i

                '台形公式法によって積分値を求める
                Cells(3 + i, 6).Value = trape(a, b, n)

                '収束判定を行う
                If Abs(Cells(3 + i, 6).Value - Cells(2 + i, 6).Value) 〈 e
Then

                        Sc = Cells(3 + i, 6).Value
                        Exit For

                End If

                m = i - 1
                For k = 1 To i

                        '推定値を求める
                        Cells(3 + m, 6 + k).Value = (4# ^ k * Cells(4 +
m, 5 + k).Value - Cells(3 + m, 5 + k).Value) / (4# ^ k - 1#)

                        '収束判定を行う
                        If m 〉= 1 And Abs(Cells(3 + m, 6 + k).Value -
Cells(2 + m, 6 + k).Value) 〈 e Then

                                Sc = Cells(3 + m, 6 + k).Value
                                Exit For

                        End If
```

```
                m = m - 1
            Next

            If Sc > 0 Then

                Exit For

            End If

        Next

        If Sc = 0# Then
            Sc = Cells(3, 6 + ite).Value
        End If

        Cells(3, 12).Value = Sc

End Sub

'台形公式によってある関数の定積分を求める
Function trape(ByVal a As Double, ByVal b As Double, ByVal n As Integer) As Double

        Dim i As Integer
        Dim h As Double '積分の刻み幅
        Dim ss As Double '分割点の関数値の和
        ss = 0#
        Dim S As Double '積分値

        '刻み幅を求める
        h = (b - a) / n

        '分割点における関数値の和を求める
        For i = 1 To (n - 1)
            ss = ss + func(a + h * i)
        Next

        '積分値を求める
        S = h * ((func(a) + func(b)) / 2 + ss)

        trape = S

End Function

'関数値を求める
Function func(ByVal x As Double) As Double

        func = Exp(x)
```

```
End Function
```

〈演習問題〉

7.1 台形公式，シンプソンの公式，ニュートン・コーツ法，ガウスの積分公式，ロンバーグ積分法の手法，特徴をそれぞれ比較してまとめよ．

7.2 ロンバーグ積分法の計算アルゴリズム（134 頁）のそれぞれのパートに対応するプログラム部分を例題 7.7 の C 言語プログラムから抜き出して説明せよ．

7.3 例題 7.1 の台形公式の C 言語プログラムに相当するプログラムを Excel および MATLAB で作成せよ．

7.4 例題 7.4 のシンプソン法の MATLAB プログラムに相当するプログラムを C 言語で作成せよ．

7.5 例題 7.5 のガウスの積分公式の C 言語プログラムに相当するプログラムを Excel および MATLAB で作成せよ．

7.6 例題 7.8 のロンバーグ積分法の C 言語プログラムに相当するプログラムを MATLAB で作成せよ．

7.7 定積分 $\int_0^{\frac{\pi}{2}} \cos x dx$ について，積分区間を（1）4 等分する場合，（2）20 等分する場合の台形公式法による数値解を求め，解析解に対する誤差を C 言語プログラムにより求めよ．

7.8 定積分 $\int_0^2 \frac{1}{\sqrt{x^2+5}} dx$ について，積分区間を 2 等分するシンプソン法による数値解を求め，解析解に対する誤差を C 言語プログラムにより求めよ．

7.9 定積分 $\int_1^5 (5x^5 - x^3 + 2x^2 + 2) dx$ について，4 分点のガウス法で計算する C 言語プログラムを作成せよ．

7.10 定積分 $\int_0^1 e^x dx$ について，積分区間の 2 等分・4 等分・8 等分の台形公式法に基づき，2 回で推定するロンバーグ法による数値解を求め，解析解に対する誤差を C 言語プログラムにより求めよ．

8 常微分方程式の解法

章の要約

シミュレーションで扱う理工学系の問題は第1章でも述べたように微分方程式で表されることが多い．定数係数の線形常微分方程式であれば解析的に（つまり数式変形により）解が求まるが，そのような微分方程式で表される問題は実際には少ない．数値計算であれば解析的に解くのが難しい微分方程式でも比較的容易に近似解を求めることができる．本章では，常微分方程式に関する初期値問題の解法であるオイラー法，ルンゲ・クッタ法，予測子・修正子法について説明する．

8.1 オイラー法

まず以下のシンプルな微分方程式を解くことを考えよう．

$$\frac{dy}{dx}=f(x, y) \tag{8.1}$$

上記の微分方程式では1個の独立変数 x とその関数 $y(x)$ の1階微分しか出てこないので**1階常微分方程式**という．（なお，本書では dy/dx を y' もしくは $\dot{y}$ と記す場合もある．）この微分方程式は，求めたいある関数 $y=f(x)$ の x 時点での傾き dy/dx のみを定めている．しかし傾きしか決まっていないので，このままでは式（8.1）の微分方程式を満たす関数 $y=f(x)$ は図8.1のように無限に存在する．これを**一般解**（general solution）という．これに対して，ある x_0 における y_0 が決まれば，関数はひとつに定まる．これを**特殊解**（par-

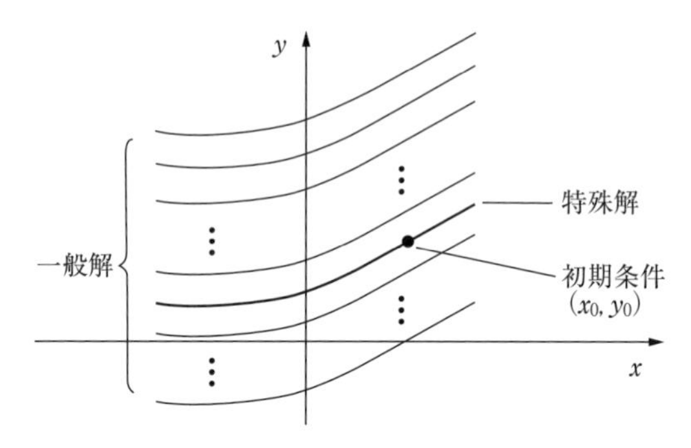

図 8.1 $dy/dx=f(x,y)$ の解

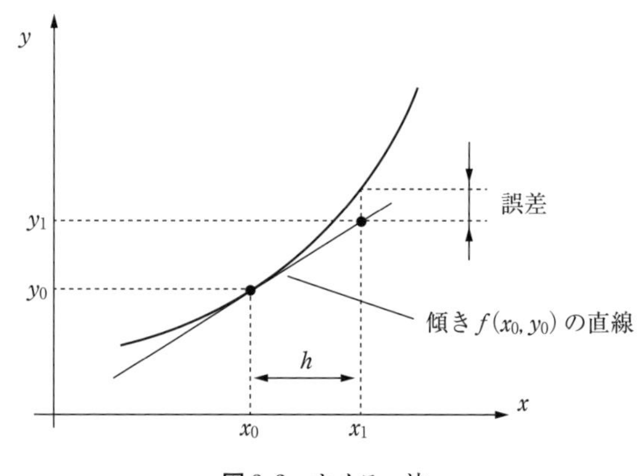

図 8.2 オイラー法

ticular solution）という．また，(x_0, y_0) を**初期条件**（initial condition）といい，微分方程式とともに初期条件が与えられた問題を**初期値問題**（initial value problem）という．

いま，初期値(x_0, y_0)が決まれば，その点での傾きは式（8.1）より

$$\frac{dy}{dx}=f(x_0, y_0)$$

となる．そして，図 8.2 のように x_0 から h だけ離れた点 $x_1(=x_0+h)$ までの間は上記の傾き $f(x_0, y_0)$ をもつ直線で $f(x)$ を近似することにする（なお，x 座標の間隔 h を**刻み幅**（step size）という）．このとき，x_1 における y_1 は次式によ

り求まる.

$$y_1 = y_0 + hf(x_0, y_0)$$

さらに x_1 から h だけ離れた点 $x_2(=x_1+h)$ までの間も傾き $f(x_1, y_1)$ の直線で近似すれば, $y_2=y_1+hf(x_1, y_1)$ と求まる. このように次々と特殊解の座標を求めていくことができる. これを一般化して書けば次式となる.

$$x_{i+1} = x_i + h$$

$$y_{i+1} = y_i + hf(x_i, y_i) \tag{8.2}$$

この解法を**オイラー法**（Euler's Method）という. 式（8.1),（8.2）より

$$f(x_i, y_i) = \frac{dy}{dx} = \frac{y_{i+1} - y_i}{h}$$

となる. これは**差分近似**（finite difference approximation）を表している.

オイラー法では刻み幅 h の間で傾きを一定としているため, もしその間で関数 $f(x)$ の傾きが大きく変化する場合, 図 8.2 のように誤差が生じる.

オイラー法のアルゴリズム

① 初期設定

刻み幅 h を設定する.

② オイラー法の計算

$x_1=x_0+h$, $x_2=x_1+h$, $x_3=x_2+h, \cdots, x_n=x_{n-1}+h$ に対応した y の値を次式により求める（$i=0, 1, 2, \cdots, n-1$）

$$y_{i+1} = y_i + hf(x_i, y_i)$$

③ 解の出力

特殊解 $(x_0, y_0), (x_1, y_1), (x_2, y_2), \cdots, (x_n, y_n)$ を得る.

[例題 8.1]　オイラー法を用いて, 区間［1,2］における 1 階微分方程式 $y'=4xy$ の特殊解の曲線を Excel の VBA を使って求め, 真値の曲線と比較せよ. ただし, 初期条件を（0,1), 刻み幅を 0.1 とする.

(解答)　Excel の VBA プログラムの例を 08_1.xlsm に示す. また, プログラムの実行結果は表 8.1, 図 8.3 のとおりである.

以上の結果より, オイラー法による計算結果 y は, 真値 yy に対して徐々に誤差が

表 8.1　1 階微分方程式 $y'=4xy$ の特殊解

	A	B	C	D	E	F
1	刻み幅	区間の終点	x座標	近似解のy座標	真値のy座標	誤差
2	h=	b=	x=	y=	yy=	e=
3	0.1	2	0	1	1	0
4			0.1	1	1.020201	0.020201
5			0.2	1.04	1.083287	0.043287
6			0.3	1.1232	1.197217	0.074017
7			0.4	1.257984	1.377128	0.119144
8			0.5	1.459261	1.648721	0.18946
9			0.6	1.751114	2.054433	0.303319
10			0.7	2.171381	2.664456	0.493075
11			0.8	2.779368	3.59664	0.817272
12			0.9	3.668765	5.05309	1.384325
13			1	4.989521	7.389056	2.399535
14			1.1	6.985329	11.24586	4.26053
15			1.2	10.05887	17.81427	7.755399
16			1.3	14.88713	29.37077	14.48364
17			1.4	22.62844	50.40044	27.772
18			1.5	35.30037	90.01713	54.71676
19			1.6	56.48059	167.3354	110.8548
20			1.7	92.62817	323.7592	231.131
21			1.8	155.6153	651.9709	496.3556
22			1.9	267.6584	1366.489	1098.831
23			2	471.0787	2980.958	2509.879

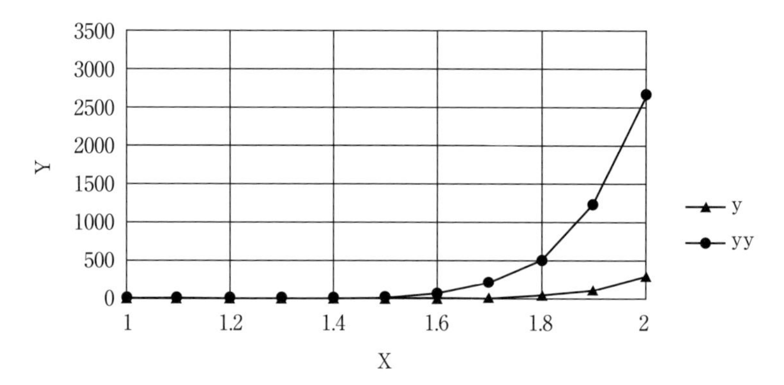

図 8.3　オイラー法による結果と誤差

大きくなっていることがわかる．このように，オイラー法は精度に問題があるため，通常は次に述べるルンゲ・クッタ法などが使われる．

【例題 8.1 の VBA プログラム（e081()）】

```
'オイラー法のプログラム
Sub e081()

        Dim x0 As Double  'x の初期値
        x0 = Cells(3, 3).Value
        Dim y0 As Double  'y の初期値
        y0 = Cells(3, 5).Value
        Dim xn As Double  '区間の終点
        xn = Cells(3, 2).Value
        Dim h As Double  '刻み幅
        h = Cells(3, 1).Value

        'オイラー法に基づく近似解を求める
        Call euler(x0, y0, xn, h)

End Sub

'特殊解となる積分定数を求める
Function func_const(ByVal x0 As Double, ByVal y0 As Double) As Double

        func_const = y0 / Exp(2# * x0 * x0)  '# は Double 型宣言文字

End Function

'微分方程式の値を求める
Function dfunc(ByVal x As Double, ByVal y As Double) As Double

        dfunc = 4 * x * y

End Function

'従属変数の値を求める
Function func(ByVal x As Double, ByVal C As Double) As Double

        func = C * Exp(2# * x * x)

End Function

'オイラー法に基づく近似解を求める
Sub euler(ByVal x0 As Double, ByVal y0 As Double, ByVal xn As Double,
ByVal h As Double)
```

```
        Dim C As Double '特殊解となる積分定数
        Dim x As Double '独立変数
        Dim y As Double '近似解
        Dim yy As Double '真値
        Dim e As Double '誤差
        Dim i As Integer

        '特殊解となる積分定数を求める
        C = func_const(x0, y0)

        '初期化
        x = x0
        y = y0
        yy = y0
        e = 0#

        '近似解と誤差を求める
        i = 0
        Do While x < xn

                '近似解の座標 y を求める
                y = y + dfunc(x, y) * h

                '真値の座標 yy を求める
                x = x + h
                yy = func(x, C)

                '誤差を求める
                e = Abs(yy - y)

                Cells(4 + i, 3).Value = x
                Cells(4 + i, 4).Value = y
                Cells(4 + i, 5).Value = yy
                Cells(4 + i, 6).Value = e

                i = i + 1
        Loop

End Sub
```

8.2 ルンゲ・クッタ法

オイラー法では刻み幅 h の間で，傾きを一定として近似するため精度が悪

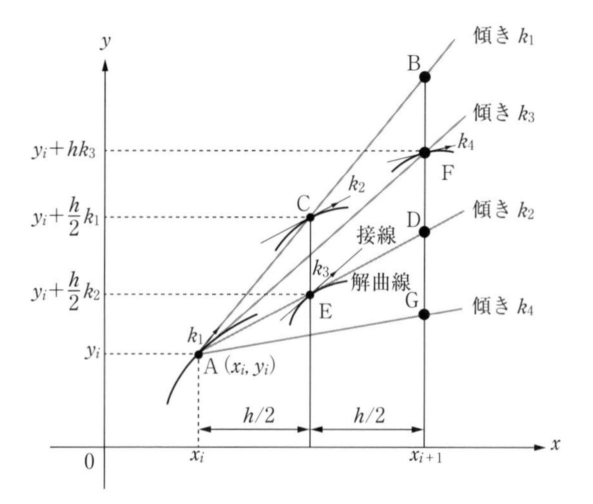

図 8.4 ルンゲ・クッタ法の計算

かった．その欠点を改良した解法の１つに，**ルンゲ・クッタ法**（Runge-Kutta method）がある．ルンゲ・クッタ法はシンプルで計算精度も高いため，よく用いられる．ルンゲ・クッタ法では，初期条件 (x_0, y_0) から特殊解の近似曲線の座標 (x_{i+1}, y_{i+1}) $(i=0, 1, \cdots, n-1)$ を次のように求める．

$$x_{i+1}=x_i+h$$

$$y_{i+1}=y_i+h\frac{1}{6}(k_1+2k_2+2k_3+k_4) \tag{8.3}$$

ただし，k_1, k_2, k_3, k_4 は以下のとおりである．

$$k_1=f(x_i, y_i)$$

$$k_2=f\left(x_i+\frac{h}{2},\ y_i+\frac{h}{2}k_1\right)$$

$$k_3=f\left(x_i+\frac{h}{2},\ y_i+\frac{h}{2}k_2\right)$$

$$k_4=f(x_i+h,\ y_i+hk_3) \tag{8.4}$$

上式と式（8.2）を比較すればわかるように，オイラー法では傾きとして式（8.4）の $k_1=f(x_i, y_i)$ のみを使うが，ルンゲ・クッタ法では，異なる４点における傾きを求め，それぞれに対して１：２：２：１の重みを付けて６で割ることで，荷重平均を求めている．k_1, k_2, k_3, k_4 のそれぞれの傾きの位置は，図 8.4 のようになる．

図において，k_1 は点 A における解曲線の傾きである．k_2 は傾き k_1 をもつ直線 AB の中点 C における解曲線の傾きである．k_3 は傾き k_2 を持つ直線 AD の中点 E における解曲線の傾きである．k_4 は傾き k_3 をもつ直線 AF の点 F における解曲線の傾きである．このように異なる 4 点の傾きを重み付け平均することで，刻み幅 h の間に傾きが変化するような関数であっても精度良く計算できる．

ルンゲ・クッタ法の公式の導出

式（8.1）の常微分方程式 $y'(x)=f(x, y)$ においてテイラー展開により，$x_{i+1}=x_i+h$ における $y(x_{i+1})$ の近似値を求めると

$$y(x_{i+1})=y(x_i+h)=y(x_i)+hy'(x_i)+\frac{h^2}{2!}y''(x_i)+\frac{h^3}{3!}y'''(x_i)+\frac{h^4}{4!}y^{(4)}(x_i)+\cdots \quad (8.5)$$

となる．ここで，2 次以上の項を無視すれば

$$y(x_i+h)\fallingdotseq y(x_i)+hy'(x_i)=y(x_i)+hf(x, y)$$

となり，式（8.2）のオイラー法に一致する．ルンゲ・クッタ法の公式は式（8.5）のテイラー展開において，4 次の項までを考慮することで導くことができる．このため，オイラー法よりも打ち切り誤差が少なくなり高い精度が得られる．なお，ルンゲ・クッタ法には他の次数の公式もあるが，4 次の公式が精度と計算量のバランスが優れているため最もよく使われる．

ルンゲ・クッタ法のアルゴリズム

① 初期設定

刻み幅 h を設定する．

② ルンゲ・クッタ法の計算

$x_1=x_0+h$，$x_2=x_1+h, x_3=x_2+h, \cdots, x_n=x_{n-1}+h$ に対応した y の値を次式により求める（$i=0, 1, 2, \cdots, n-1$）．

$$y_{i+1}=y_i+h\frac{1}{6}(k_1+2k_2+2k_3+k_4)$$

ただし，k_1, k_2, k_3, k_4 は以下のとおりである．

$$k_1=f(x_i, y_i)$$

$$k_2=f\left(x_i+\frac{h}{2},\ y_i+\frac{h}{2}k_1\right)$$

$$k_3=f\left(x_i+\frac{h}{2},\ y_i+\frac{h}{2}k_2\right)$$

$$k_2=f(x_i+h,\ y_i+hk_3)$$

③ 解の出力

特殊解$(x_0, y_0), (x_1, y_1), (x_2, y_2), \cdots, (x_n, y_n)$を得る.

[例題 8.2] ルンゲ・クッタ法を用いて例題 8.1 の微分方程式を C 言語プログラムにより解き，オイラー法を用いた結果と誤差を比較せよ.

(解答) C 言語によるプログラムの例を 08_2.c に示す．また，プログラムの実行結果は図 8.5 のとおりである．ただし，計算結果をテキスト形式（08_2_result.txt）で出力したものを Excel に読み込んでグラフを描いたものである.

以上の結果より，ルンゲ・クッタ法の誤差 Er はオイラー法の誤差 Ee と比べて誤差が少なくなっていることがわかる.

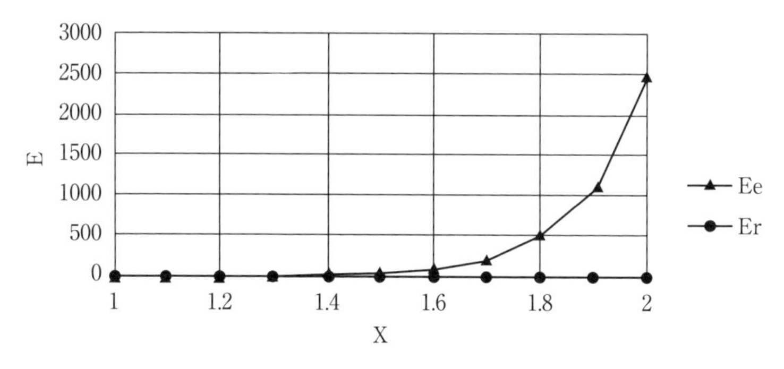

図 8.5 ルンゲ・クッタ法とオイラー法の誤差の比較

【例題 8.2 の C 言語プログラム（08_2.c）】

```
// 08_2.c - ルンゲ・クッタ法とオイラー法を比較するプログラム

#include <stdio.h>
#include <math.h>
```

```
void euler_error(FILE *fp, double x0, double y0, double xn, double h);
void runge_error(FILE *fp, double x0, double y0, double xn, double h);

int main()
{
        FILE *fp;      // 出力ファイルのポインタ
        double x0, y0; // 独立変数の初期値，従属変数の初期値
        double xn;     // 求める x の区間の終点
        double x;      // 出力する独立変数
        double h;      // 刻み幅
        char zz;

        // 出力ファイルを開く
        if ((fp = fopen("08_2_result.txt", "w")) == NULL)
        {
                printf(">> ファイル出力不可 ¥n");
                return 1;
        }

        printf("-----ルンゲ・クッタ法とオイラー法を比較するプログラム
-----¥n");

        while (1)
        {
                printf("x の初期値 x0 = ");
                scanf("%lf%c", &x0, &zz);
                break;
        }
        while (1)
        {
                printf("y の初期値 y0 = ");
                scanf("%lf%c", &y0, &zz);
                break;
        }
        while (1)
        {
                printf("x の区間の終点 xn = ");
                scanf("%lf%c", &xn, &zz);
                if (xn <= x0)  continue;
                break;
        }
        while (1)
```

```
        {
                printf("刻み幅 h = ");
                scanf("%lf%c", &h, &zz);
                break;
        }

        // x 座標の出力
        fprintf(fp, "x 座標 ¥nx =¥n");
        x = x0;
        while (x < xn)
        {
                fprintf(fp, "%.1f¥n", x);
                x += h;
        }
        fprintf(fp, "%.1f¥n¥n", x);

        // オイラー法に基づく近似解の誤差を求める
        euler_error(fp, x0, y0, xn, h);
        fprintf(fp, "¥n");

        // ルンゲ・クッタ法に基づく近似解の誤差を求める
        runge_error(fp, x0, y0, xn, h);

        printf("¥n 計算終了 ¥n");

        fclose(fp);
    return 0;
}

//-----------------------------------------------
// 【機能】 特殊解となる積分定数を求める
// 【引数】 x0, y0: 変数の初期値
// 【戻り値】 計算結果
//-----------------------------------------------
double func_const(double x0, double y0)
{
        return y0 / exp(2.0 * x0 * x0);
}

//-----------------------------------------------
// 【機能】 従属変数の値を求める
// 【引数】 x: 独立変数, C: 積分定数
```

```
// 【戻り値】 計算結果
//--------------------------------------
double func(double x, double C)
{
        return C * exp(2.0 * x * x);
}

//--------------------------------------
// 【機能】 微分方程式の値を求める
// 【引数】 x: 独立変数, y: 従属変数
// 【戻り値】 計算結果
//--------------------------------------
double dfunc(double x, double y)
{
        return 4 * x * y;
}

//---------------------------------------------------------
// 【機能】 オイラー法に基づく近似解の誤差を求める
// 【引数】 fp: 出力ファイル,
//          x0, y0: 独立変数の初期値, 従属変数の初期値,
//          xn: 求める x の区間の終点, h: 刻み幅
// 【戻り値】 無し
//---------------------------------------------------------
void euler_error(FILE *fp, double x0, double y0, double xn, double h)
{
        double x, y;  // 独立変数 , 近似解
        double C;     // 特殊解となる積分定数
        double yy;    // 真値
        double e;     // 誤差

        // 特殊解となる積分定数を求める
        C = func_const(x0, y0);

        // 初期化
        x = x0;
        yy = y = y0;
        e = 0.0;

        // 誤差をファイルに出力する
        fprintf(fp, "オイラー法の誤差 ¥nEe -¥n");
```

```
        fprintf(fp, "%lf¥n", e);
        for (; x < xn;)
        {
                // 近似解を求める
                y += dfunc(x, y) * h;

                // 真値を求める
                x = x + h;
                yy = func(x, C);

                // 誤差を求める
                e = fabs(yy - y);

                fprintf(fp, "%lf¥n", e);
        }
}

//----------------------------------------------------------
// 【機能】 ルンゲ・クッタ法に基づく近似解の誤差を求める
// 【引数】 fp: 出力ファイル,
//          x0, y0: 独立変数の初期値, 従属変数の初期値,
//          xn: 求める x の区間の終点, h: 刻み幅
// 【戻り値】 無し
//----------------------------------------------------------
void runge_error(FILE *fp, double x0, double y0, double xn, double h)
{
        double x, y;              // 独立変数 , 近似解
        double C;                   // 特殊解となる積分定数
        double yy;                  // 真値
        double e;                   // 誤差
        double g1, g2, g3, g4;  // 解曲線の傾き

        // 特殊解となる積分定数を求める
        C = func_const(x0, y0);

        // 初期化
        x = x0;
        yy = y = y0;
        e = 0.0;

        // 誤差をファイルに出力する
        fprintf(fp, "ルンゲ・クッタ法の誤差 ¥nEr =¥n");
        fprintf(fp, "%lf¥n", e);
```

```
        for (; x < xn;)
        {
                // 解曲線の傾きを求める
                g1 = dfunc(x, y);
                g2 = dfunc(x + h / 2, y + g1 * h / 2);
                g3 = dfunc(x + h / 2, y + g2 * h / 2);
                g4 = dfunc(x + h, y + g3 * h);

                // 近似解を求める
                y += (g1 + g2 * 2 + g3 * 2 + g4) * h / 6;

                // 真値を求める
                x = x + h;
                yy = func(x, C);

                // 誤差を求める
                e = fabs(yy - y);

                fprintf(fp, "%lf¥n", e);
        }
}
```

8.3　予測子・修正子法

オイラー法やルンゲ・クッタ法では，計算の1ステップ前の(x_i, y_i)の値から次の(x_{i+1}, y_{i+1})の値を求めている．この方法を**1段法**（single-step method）という．これに対し，複数のステップで計算された(x_{i+1}, y_{i+1}), (x_i, y_i), (x_{i-1}, y_{i-1}), (x_{i-2}, y_{i-2}),… の値を用いて計算する方法を**多段法**（linear multistep method）という．このうち，(x_{i+1}, y_{i+1})の値を使わないで計算する公式を**陽公式**（explicit formula）といい，(x_{i+1}, y_{i+1})の値を使う公式を**陰公式**（implicit formula）という．

本来，(x_{i+1}, y_{i+1})の値は，オイラー法やルンゲ・クッタ法の公式（8.2），(8.3) を見てもわかるように，最新のステップの計算によりはじめて得られるものなので，これを使って計算する陰公式では(x_{i+1}, y_{i+1})の予測値をあらかじめ何らかの形で計算しておく必要がある．そこで，陽公式と陰公式の2つを用意し，まず陽公式により予測値（これを**予測子**（predictor）という）を計算し，それを陰公式に代入して修正された(x_{i+1}, y_{i+1})の値（これを**修正子**（corrector）という）を繰り返し計算により求め，精度を上げていく方法がある．この方法を**予測子・修正子法**（Predictor-Corrector Method）という．

予測子・修正子法にはさまざまな方法があるが，ここではその中で代表的な**アダムス法**（Adams method）について説明する．アダムス法では，予測子に**アダムス・バシュフォース法**（Adams-Bashforth method）を，修正子に**アダムス・モールトン法**（Adams-Moulton method）を用いる．アダムス法では，式（8.5）における次数を選ぶことができるが，以下では例として4次の場合の公式を示す．

予測子：

$$y^p_{i+1}=y_i+h\frac{1}{24}\{55f(x_i, y_i)-59f(x_{i-1}, y_{i-1})+37f(x_{i-2}, y_{i-2})-9f(x_{i-3}, y_{i-3})\} \tag{8.6}$$

修正子：

$$y^c_{i+1}=y_i+h\frac{1}{24}\{9f(x_{i+1}, y^p_{i+1})+19f(x_i, y_i)-5f(x_{i-1}, y_{i-1})+f(x_{i-2}, y_{i-2})\} \tag{8.7}$$

ただし，y^p_{i+1}は予測子であることを，y^c_{i+1}は修正子であることを示す．

アダムス法の公式の導出

微分方程式

$$\frac{dy}{dx}=f(x, y)$$

を区間$[x_i, x_{i+1}]$で積分すると

$$\int_{x_i}^{x_{i+1}} f(x, y)dx=y(x_{i+1})-y(x_i)$$

よって

$$y(x_{i+1})=y(x_i)+\int_{x_i}^{x_{i+1}} f(x, y)dx \tag{8.8}$$

となる．アダムス・バシュフォース法では，$(x_i, y_i), (x_{i-1}, y_{i-1}), (x_{i-2}, y_{i-2}),\cdots$ の値を用いて，また，アダムス・モールトン法では，これに(x_{i+1}, y_{i+1})の値も加えて$f(x, y)$を第6章で述べたラグランジュ補間により多項式近似したものを式（8.8）に代入することで導くことができる．アダムス・バシュフォース法を単

独で用いて計算しても，ある程度の精度が得られるが，アダムス・モールトン法を組み合わせて予測子・修正子法で解くことで，さらに高い精度が得られる．

アダムス法では，まず式（8.6）により y^p_{i+1} を求め，それを使って式（8.7）により y^c_{i+1} を求める．以降は y^c_{i+1} を y^p_{i+1} に置き換えて上記の公式により繰り返し計算により精度を高めていく．そして，$|y^c_{i+1}-y^p_{i+1}|<\varepsilon$ を満たすか最大反復回数になるまで反復計算を行う．（通常は2～3回の繰り返し計算で収束する）．なお，最初に式（8.6）を計算するのに $(x_0, y_0), (x_1, y_1), (x_2, y_2), (x_3, y_3)$ の値が必要となるが，これらの値はルンゲ・クッタ法などにより求めておけばよい．

ルンゲ・クッタ法は比較的簡単な計算で高い精度が得られるが，複雑な関数になると計算に時間がかかり，丸め誤差などが集積するという問題がある．予測子・修正子法は，ルンゲ・クッタ法に比べて（次数が同じであれば）少ない計算で同等の桁落ち誤差に抑えることができるというメリットがある．

アダムス法（4次）のアルゴリズム

① 初期設定

ルンゲ・クッタ法で，$(x_0, y_0), (x_1, y_1), (x_2, y_2), (x_3, y_3)$ をそれぞれ求めておく．

② 予測子の計算

$x_{i+1}=x_i+h$ に対して，次式により y^p_{i+1} を計算する（$i=3, 4, \cdots, n-1$）．

$$y^p_{i+1}=y_i+h\frac{1}{24}\{55f(x_i, y_i)-59f(x_{i-1}, y_{i-1})+37f(x_{i-2}, y_{i-2})-9f(x_{i-3}, y_{i-3})\}$$

③ 修正子の計算

次式により y^c_{i+1} を計算する（$i=2, 3, \cdots, n-1$）．

$$y^c_{i+1}=y_i+h\frac{1}{24}\{9f(x_{i+1}, y^p_{i+1})+19f(x_i, y_i)-5f(x_{i-1}, y_{i-1})+f(x_{i-2}, y_{i-2})\}$$

④ 収束判定

$$|y^c_{i+1}-y^p_{i+1}|<\varepsilon$$

であるなら，y^c_{i+1} を y_{i+1} の近似値として出力し，$i=i+1$ として②へ，そうでない場合は修正子 y^c_{i+1} を新しい予測子 y^p_{i+1} として③に戻って繰り返す．

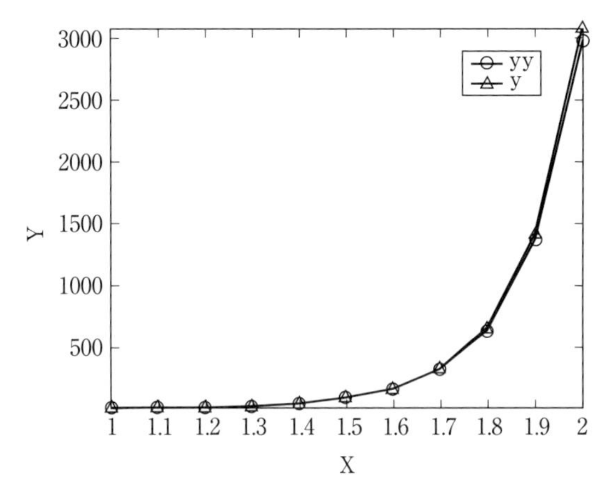

図 8.6　アダムス法による計算結果

[例題 8.3]　アダムス法を用いて例題 8.1 の微分方程式を MATLAB により解け．

(解答)　MATLAB によるプログラムの例を e083.m に示す．また，プログラムの実行結果は図 8.6 のとおりである．

図において，アダムス法による計算結果（y）は真値（yy）とよく一致していることがわかる．

【例題 8.3 の MATLAB プログラム（e083.m）**】**

```
% アダムス法のプログラム
function e083
x0 = 0;                 % 独立変数の初期値
y0 = 1;                 % 従属変数の初期値
xi = 1;                 % 解析区間の始点
xn = 2;                 % 解析区間の終点
h = 0.1;                % 刻み幅
n = (xn-x0)/h;          % 分割数
x = zeros(1,n + 1);     % 独立変数
y = zeros(1,n + 1);     % 近似解
yy = zeros(1,n + 1);    % 真値

% アダムス法に基づく近似解を求める
```

```
[x,y,yy] = adams(x0, y0, xn, h);

% グラフを描画する
plot(x,yy,'-ob') % 真値
hold on
plot(x,y,'-^r') % 近似解
axis([xi,xn,min(yy),max(y)]) % 軸の範囲の設定
xlabel('X')
ylabel('Y')
legend('yy','y')
end

function [x,y,yy] = adams(x0,y0,xn,h)
%     機能:
%     アダムス法に基づく近似解の誤差を求める
%     x0: 独立変数の初期値
%     y0: 従属変数の初期値
%         xn: 解析区間の終点
%     h: 刻み幅
%     C: 特殊解となる積分定数
%     戻り値:
%         x: 独立変数
%     y: 近似解
%     yy: 真値

% 初期化
x(1,1) = x0;
y(1,1) = y0;
yy(1,1) = y0;
TOL = 1.0e-6;     % 許容誤差

% 特殊解となる積分定数を求める
C = func_const(x0, y0);

% 微分方程式の値を求める
df = zeros(1,5);   % 微分方程式の値
df(1,1) = dfunc(x(1,1), y(1,1));

for i = 1:3
        % ルンゲ・クッタ法で近似解を求める
        y(1,i+1) = runge(x(1,i), y(1,i), h);

        x(1,i+1) = x(1,i) + h;
```

```
        % 真値を求める
        yy(1,i+1) = func(x(1,i+1), C);

        % 微分方程式の値を求める
        df(1,i+1) = dfunc(x(1,i+1), y(1,i+1));
end

i = i + 1;
while x(1,i) < xn
        % 予測子を求める
        yp = y(1,i) + (55.0*df(1,4) - 59.0*df(1,3) + 37.0*df(1,2) -
9.0*df(1,1)) * h / 24.0;

        x(1,i+1) = x(1,i) + h;
        while 1
                df(1,5) = dfunc(x(1,i+1), yp);

                % 修正子を求める
                yc = y(1,i) + (9.0*df(1,5) + 19.0*df(1,4) - 5.0*df(1,3)
+ df(1,2)) * h / 24.0;

                % 誤差を求める
                if abs(yc - yp) < TOL
                        y(1,i+1) = yc;
                        break;
                end

                yp = yc;
        end

        % 真値を求める
        yy(1,i+1) = func(x(1,i+1), C);

        % 次のステップ用に予測子のパラメータを更新する
        for j = 1:4
                df(j) = df(j + 1);
        end

        i = i + 1;
end
end

function C = func_const(x0,y0)
%       機能: 特殊解となる積分定数を求める
%       x0: 独立変数の初期値
```

```
%       y0: 従属変数の初期値
%       戻り値:
%       : 特殊解となる積分定数

C = y0 / exp(2.0 * x0 * x0);
end

function Y = runge(x,y,h)
%       機能:
%       ルンゲ・クッタ法に基づく近似解を求める
%       x: 独立変数
%       y: 従属変数
%       h: 刻み幅
%       戻り値:
%               y: 近似解

% 解曲線の傾きを求める
g1 = dfunc(x, y);
g2 = dfunc(x + h / 2, y + g1 * h / 2);
g3 = dfunc(x + h / 2, y + g2 * h / 2);
g4 = dfunc(x + h, y + g3 * h);

% 近似解を求める
Y = y + (g1 + g2 * 2 + g3 * 2 + g4) * h / 6.0;
end

function dy = dfunc(x,y)
%       機能: 微分方程式の値を求める
%       x: 独立変数
%       y: 従属変数
%       戻り値:
%       dy: 微分方程式の値

dy = 4 * x * y;
end

function y = func(x,C)
%       機能: 従属変数の値を求める
%       x: 独立変数
%       C: 積分定数
%       戻り値:
%       y: 従属変数の値

y = C * exp(2.0 * x * x);
```

```
end
```

刻み幅の自動調節

本章で述べた常微分方程式の解法は，一定の刻み幅 h で計算を行うものだった．しかしながら，これらの計算では，必ずしも刻み幅 h を一定にする必要はない．実際，目標誤差を満たすように最適な刻み幅に自動調節しながら計算する方法がよく使われている．

具体的には，計算のステップごとに推定誤差を求め，設定した許容値内であれば次ステップに進み，そうでなければ刻み幅を小さくしてやり直す．また推定誤差が十分に小さい場合は，計算の節約のために次ステップから刻み幅を大きくするなどの調整を行い目標精度を満たしつつ最小のステップ数で計算できるよう調節する．

ただし，アダムス法などの多段法の公式では，そのままの形式だと刻み幅の変更が難しいため，刻み幅を可変にできるように修正した公式を使う必要がある．

8.4 高階微分方程式

以上では，式（8.1）の 1 階常微分方程式 $\dot{y}=f(x,y)$ の解法について述べたが，実際のシミュレーションでは 2 階以上の微分方程式を扱うことが多い．高階微分方程式は式変形により連立 1 階常微分方程式の形にすることができる．

たとえば，図 8.7 のようなバネ・マス・ダンパ系（ただし，m は質量，x は変位，k はばね定数，c は減衰係数を表す）はニュートンの第 2 法則 $F=m\ddot{x}(t)$

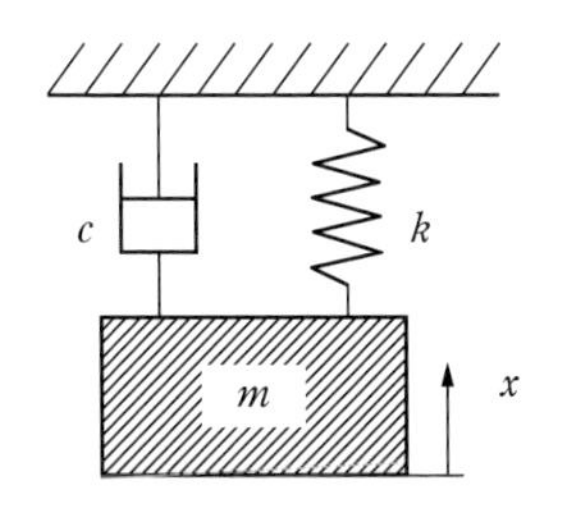

図 8.7 バネ・マス・ダンパ系

（ただし，Fは力，tは時間）より，$F(=-kx(t)-c\dot{x}(t))=m\ddot{x}(t)$ となり，以下のような2階常微分方程式で表現できる．

$$m\ddot{x}(t)+c\dot{x}(t)+kx(t)=0 \tag{8.9}$$

ここで，$x_1(t)=x(t)$，$x_2(t)=\dot{x}(t)$ と補助変数を割り当てれば，$m\dot{x}_2(t)+cx_2(t)+kx_1(t)=0$ となり，以下のような連立1階常微分方程式となる．

$$\begin{cases} \dot{x}_1(t)=x_2(t) \\ \dot{x}_2(t)=-\dfrac{k}{m}x_1(t)-\dfrac{c}{m}x_2(t) \end{cases} \tag{8.10}$$

このように，一般に n 階常微分方程式に対して，n 個の補助変数を使えば n 元連立1階常微分方程式に変換できる．すなわち，高階常微分方程式

$$y^{(n)}=f(x, y, y', y'', \cdots, y^{(n-1)}) \tag{8.11}$$

に，初期条件

$$y(x_0)=y_0, y'(x_0)=y_0', y''(x_0)=y_0'', \cdots, y^{(n-1)}(x_0)=y_0^{(n-1)}$$

を与える初期値問題に対して，y とその導関数に

$$z_1(x)=y(x), z_2(x)=y'(x), \cdots, z_n(x)=y^{(n-1)}(x) \tag{8.12}$$

のように補助変数を割り当てれば，以下のような連立1階常微分方程式に変形できる．

$$\begin{cases} z_1'(x)=z_2(x) \\ z_2'(x)=z_3(x) \\ \cdots \\ z_{n-1}'(x)=z_n(x) \\ z_n'(x)=f(x, z_1, z_2, \cdots, z_n) \end{cases} \tag{8.13}$$

ことのき，初期値は

$$z_1(x_0)=y_0, z_2(x_0)=y_0', \cdots, z_n(x_0)=y_0^{(n-1)} \tag{8.14}$$

となる．なお，先に例として示したバネ・マス・ダンパ系の微分方程式（8.10）では式（8.13）における x は t に，z_n は x_1, x_2 にそれぞれ対応する．このように時間的変化を扱うシミュレーションでは式（8.11）における x は時間を表すと考えてよい．

［例題 8.4］ 式（8.9）の微分方程式について，初期値が $\dot{x}(t_0)=v, x(t_0)=x_0$ と与えられたとき，式（8.10）における初期値を求めよ．

(解答)　$x_1(t)=x(t)$, $x_2(t)=\dot{x}(t)$ より $x_2(t_0)=v$, $x_1(t_0)=x_0$

8.5　連立1階常微分方程式の解法

連立1階常微分方程式 (8.13) を解く場合には，これまでに述べた微分方程式の公式の計算手順の各ステップを連立するすべての変数について実行する形で処理すればよい．たとえば，オイラー法で

$$\begin{cases} u'(x)=f(x, u, v) \\ v'(x)=g(x, u, v) \end{cases} \tag{8.15}$$

を初期条件を $u(x_0)=u_0, v(x_0)=v_0$ として解く場合，式 (8.2) より

$$\begin{cases} u_{i+1}=u_i+hf(x_i, u_i, v_i) \\ v_{i+1}=v_i+hg(x_i, u_i, v_i) \end{cases} \tag{8.16}$$

となる．したがって，まず $u_1=u_0+hf(x_0, u_0, v_0)$, $v_1=v_1+hg(x_0, u_0, v_0)$ を求め，以下同様に u_1, v_1 から $u_2, v_2, \cdots, u_n, v_n$ と順に求めていくことができる．同様にして3元以上の連立1階常微分方程式も解いていくことができる．

[例題8.5]　式 (8.15) をルンゲ・クッタ法により解く方法を考えよ．

(解答)　ルンゲ・クッタ法の公式 (8.3) より

$$u_{i+1}=u_i+h\frac{1}{6}(r_1+2r_2+2r_3+r_4)$$

$$v_{i+1}=v_i+h\frac{1}{6}(s_1+2s_2+2s_3+s_4) \tag{8.17}$$

ここで $i=2, 3, 4, \cdots, n-1$ において

$$r_1=f(x_i, u_i, v_i),\quad s_1=g(x_i, u_i, v_i)$$

$$r_2=f(x_i+\frac{h}{2}, u_i+\frac{h}{2}r_1, v_i+\frac{h}{2}s_1),\quad s_2=g\,(x_i+\frac{h}{2}, u_i+\frac{h}{2}r_1, v_i+\frac{h}{2}s_1)$$

$$r_3=f\left(x_i+\frac{h}{2}, u_i+\frac{h}{2}r_2, v_i+\frac{h}{2}s_2\right),\quad s_3=g\left(x_i+\frac{h}{2}, u_i+\frac{h}{2}r_2, v_i+\frac{h}{2}s_2\right)$$

$$r_4=f(x_i+h, u_i+hr_3, v_i+hs_3),\quad s_4=g(x_i+h, u_i+hr_3, v_i+hs_3) \tag{8.18}$$

[例題8.6]　ルンゲ・クッタ法を用いて，区間 $[0, 3]$ における2階微分方程式 $y''+3y'+5y=0$ の特殊解の曲線を Excel・VBA プログラムを用いて求めよ．ただし，初期条件を $y(0)=0, y'(0)=1$，刻み幅を0.1とする．

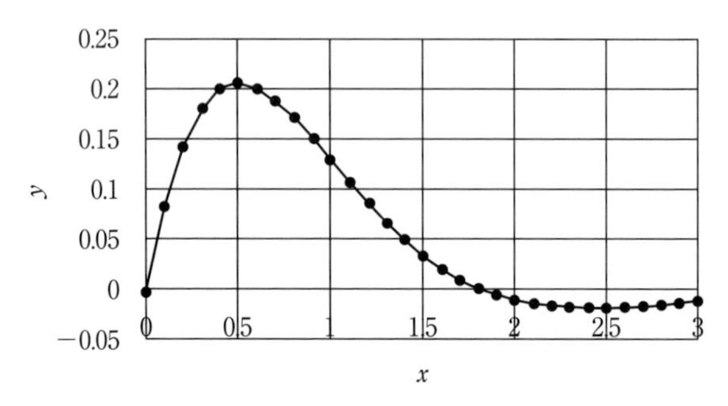

図 8.8　2階微分方程式 $y''+3y'+5y=0$ の特殊解

(解答)　$z_1=y$, $z_2=y'$ と補助変数を割り当てれば，$z_2'+3z_2+5z_1=0$ となり，以下のような連立1階常微分方程式となる．

$$\begin{cases} z_1'=z_2 \\ z_2'=-3z_2-5z_1 \end{cases}$$

これをルンゲ・クッタ法で解く．

Excel によるプログラムの例を 08_4.xlsm に示す．また，プログラムの実行結果は図 8.8 のとおりである．

【例題 8.6 の VBA プログラム（08_4.xlsm）】

```
Const TOL As Double = 0.000001 '許容誤差

'2元連立1階微分方程式を解くプログラム（ルンゲ・クッタ法）
Sub e084()

        Dim x0 As Double                'x の初期値
        x0 = Cells(3, 3).Value
        Dim z0(2) As Double             '従属変数の初期値
        z0(1) = Cells(3, 4).Value  '(0 階微分)
        z0(2) = Cells(3, 5).Value  '(1 階微分)
        Dim xn As Double                '区間の終点
        xn = Cells(3, 2).Value
        Dim h As Double                 '刻み幅
        h = Cells(3, 1).Value

        'ルンゲ・クッタ法に基づく近似解を求める
        Call runge2(x0, z0, xn, h)
```

```
End Sub

'微分方程式の値を求める
'    x: 独立変数 , z: 従属変数 , f: 各階の微分方程式の値
Sub dfunc2(ByVal x As Double, z() As Double, f() As Double)

        f(1) = z(2)
        f(2) = z(2) * (-3) + z(1) * (-5)

End Sub

'ルンゲ・クッタ法に基づく近似解を求める (2元連立1階微分方程式)
'    x0, z0: 独立変数の初期値 , 従属変数の 0,1 階微分の初期値 ,
'    xn: 求める x の区間の終点 , h: 刻み幅
Sub runge2(ByVal x0 As Double, z0() As Double, ByVal xn As Double,
ByVal h As Double)

        Dim x As Double         '独立変数
        Dim z(2) As Double      '従属変数の 0,1 階微分
        Dim zz(2) As Double
        Dim i As Integer
        Dim j As Integer
        Dim g1(2) As Double '解曲線の傾き 1
        Dim g2(2) As Double '解曲線の傾き 2
        Dim g3(2) As Double '解曲線の傾き 3
        Dim g4(2) As Double '解曲線の傾き 4

        '初期化
        x = x0
        For i = 1 To 2

                z(i) = z0(i)

        Next

        i = 1
        Do While x < xn

                'ルンゲ・クッタ法で近似解を求める

                '解曲線の傾きを求める
                Call dfunc2(x, z, g1)
                For j = 1 To 2

                        zz(j) = z(j) + g1(j) * h / 2
```

```
                    Next
                    Call dfunc2(x + h / 2, zz, g2)
                    For j = 1 To 2
                              zz(j) = z(j) + g2(j) * h / 2
                    Next
                    Call dfunc2(x + h / 2, zz, g3)
                    For j = 1 To 2
                              zz(j) = z(j) + g3(j) * h
                    Next
                    Call dfunc2(x + h, zz, g4)
                    x = x + h
                    Cells(3 + i, 3).Value = x
                    '近似解を求める
                    For j = 1 To 2
                              z(j) = z(j) + (g1(j) + g2(j) * 2 + g3(j) * 2 + g4
(j)) * h / 6#
                              Cells(3 + i, 3 + j).Value = z(j)
                    Next
                    i = i + 1
          Loop
End Sub
```

[例題 8.7]　ルンゲ・クッタ法を用いて，区間$[0, 2]$における3階微分方程式$y'''-y=\cos x$の特殊解の曲線をC言語によるプログラムを用いて求めよ．ただし，初期条件を$y(0)=-1, y'(0)=3, y''(0)=2$，刻み幅を0.1とする．

(解答)　$z_1=y$，$z_2=y'$，$z_3=y''$と補助変数を割り当てれば，$z_3''-z_1=\cos x$となり，以下のような連立1階常微分方程式となる．

$$
\begin{cases}
z_1'=z_2 \\
z_2'=z_3 \\
z_3'=z_1+\cos x
\end{cases}
$$

これをルンゲ・クッタ法で解く．

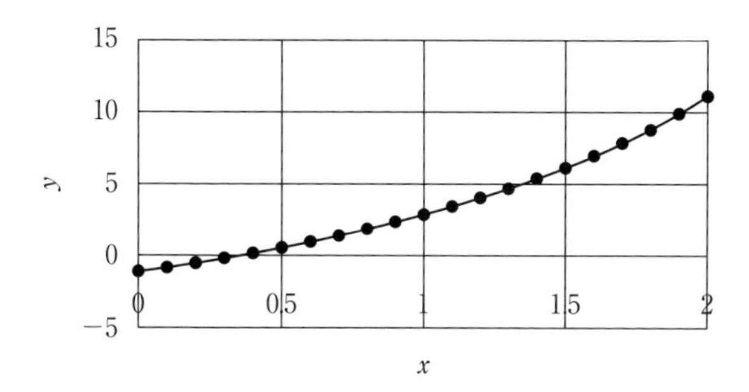

図8.9　3階微分方程式 $y'''-y=\cos x$ の特殊解

C言語によるプログラムの例を08_5.cに示す．また，プログラムの実行結果は図8.9のとおりである．

【例題8.7のC言語プログラム（08_5.c)】

```
// 08_5.c - 3階微分方程式を解くプログラム（ルンゲ・クッタ法）

#include <stdio.h>
#include <math.h>

#define TOL 1.0e-6            // 許容誤差

void dfunc3(double x, double z[3], double f[3]);
void runge3(FILE *fp, double x0, double z0[3], double xn, double h);

int main()
{
        FILE *fp;               // 出力ファイルのポインタ
        double x0, z0[3];   // 独立変数の初期値，従属変数の0,1,2階微分
の初期値
        double xn;              // 求めるxの区間の終点
        double h;               // 刻み幅
        char zz;

        // 出力ファイルを開く
        if ((fp = fopen("08_5_result.txt", "w")) == NULL)
        {
                printf(">> ファイル出力不可 ¥n");
                return 1;
```

```
	}

	printf("-----3 階微分方程式を解くプログラム（ルンゲ・クッタ法）
-----¥n");

	printf("x の初期値 x0 = ");
	scanf("%lf%c", &x0, &zz);

	printf("y,y',y" の初期値 z0 = ");
	scanf("%lf%lf%lf%c", &z0[0], &z0[1], &z0[2], &zz);
	while (1)
	{
		printf("x の区間の終点 xn = ");
		scanf("%lf%c", &xn, &zz);
		if (xn <= x0)  continue;
		break;
	}
	printf("刻み幅 h = ");
	scanf("%lf%c", &h, &zz);

	// ルンゲ・クッタ法に基づく近似解を求める
	runge3(fp, x0, z0, xn, h);

	printf("¥n 計算終了 ¥n");

	fclose(fp);
    return 0;
}

//------------------------------------------------------
// 【機能】 微分方程式の値を求める
// 【引数】 x: 独立変数, z: 従属変数,
//          f: 各階の微分方程式の値
// 【戻り値】 無し
//------------------------------------------------------
void dfunc3(double x, double z[3], double f[3])
{
	f[0] = z[1];
	f[1] = z[2];
	f[2] = z[0] + cos(x);
}

//------------------------------------------------------------------
```

```
// 【機能】 ルンゲ・クッタ法に基づく近似解を求める
//          (3元連立1階微分方程式)
// 【引数】 fp: 出力ファイル,
//          x0, z0: 独立変数の初期値, 従属変数の0,1,2階微分の初期値,
//          xn: 求めるxの区間の終点, h: 刻み幅
// 【戻り値】 無し
//--------------------------------------------------------------------
void runge3(FILE *fp, double x0, double z0[3], double xn, double h)
{
        double x;                               // 独立変数
        double z[3];                            // 従属変数の0,1,2階微分
        double Z[3];
        double g1[3], g2[3], g3[3], g4[3];  // 解曲線の傾き
        int i;

        // 初期化
        x = x0;
        for(i = 0 ; i<3 ; i ++) z[i] = z0[i];

        fprintf(fp, "x座標¥ty座標¥nx=¥ty=¥n%lf¥t%lf¥n", x, z[0]);
        for (; x < xn;)
        {
                // ルンゲ・クッタ法で近似解を求める

                // 解曲線の傾きを求める
                dfunc3(x, z, g1);
                for (i = 0; i < 3; i ++) Z[i] = z[i] + g1[i] * h / 2;
                dfunc3(x + h / 2, Z, g2);
                for (i = 0; i < 3; i ++) Z[i] = z[i] + g2[i] * h / 2;
                dfunc3(x + h / 2, Z, g3);
                for (i = 0; i < 3; i ++) Z[i] = z[i] + g3[i] * h;
                dfunc3(x + h, Z, g4);

                x = x + h;

                // 近似解を求める
                for (i = 0; i < 3; i ++) z[i] += (g1[i] + g2[i] * 2 + g3[i] * 2
+ g4[i]) * h / 6.0;

                fprintf(fp, "%lf¥t%lf¥n", x, z[0]);
        }
}
```

〈演習問題〉

8.1 オイラー法，ルンゲ・クッタ法，アダムス法の特徴をそれぞれ比較してまとめよ．

8.2 オイラー法（145頁）およびルンゲ・クッタ法（150頁）のアルゴリズムのそれぞれのパートに対応するプログラム部分を例題8.2のC言語プログラムから抜き出して説明せよ．

8.3 例題8.1のオイラー法のExcel・VBAプログラムに相当するプログラムをC言語およびMATLABで作成せよ．

8.4 例題8.2のルンゲ・クッタ法のC言語プログラムに相当するプログラムをExcel・VBAおよびMATLABで作成せよ．

8.5 例題8.3のアダムス法のMATLABプログラムに相当するプログラムをC言語およびExcel・VBAで作成せよ．

8.6 例題8.6の2階微分方程式を解くExcel・VBAプログラムに相当するプログラムをC言語，MATLABで作成せよ．

8.7 例題8.7の3階微分方程式を解くC言語プログラムに相当するプログラムをExcel・VBA，MATLABで作成せよ．

8.8 1階微分方程式$y'=2x-5$について，$x=0.8$におけるyをC言語によりオイラー法を用いて求めよ．ただし，初期条件を$(0,0)$，刻み幅を0.1とする．

8.9 オイラー法とルンゲ・クッタ法を用いて，区間$[0,1]$における1階微分方程式$y'+y=e^{2x}$の特殊解の曲線をC言語により求めよ．ただし，初期条件を$y(0)=4$，刻み幅を0.1とする．

8.10 アダムス法を用いて，区間$[1,2]$における1階微分方程式$2x^2y'=x^2+y^2(x\neq 0)$の特殊解の曲線をC言語により求めよ．ただし，初期条件を$y(1)=-1$，刻み幅を0.1とする．

8.11 ルンゲ・クッタ法を用いて，区間$[0,20]$におけるバネ・マス・ダンパ系（式(8.9)）の特殊解の曲線をC言語により求めよ．ただし，パラメータを$m=1$, $c=1, k=1$，初期条件を$x(0)=1, x'(0)=0$，刻み幅を0.2とする．

8.12 ルンゲ・クッタ法を用いて，区間$[0,2]$における3階微分方程式$y'''-3y''+2y'=x^2-3\cos x$の特殊解の曲線をC言語により求めよ．ただし，初期条件を$y(0)=0, y'(0)=-2, y''(0)=1$，刻み幅を0.1とする．

9 動的システムのシミュレーション

章の要約

1章で述べたように微分方程式により表されるシステムを**動的システム**（dynamic system）と呼ぶ．本章では主にバネ・マス・ダンパ系を例にして基本的な動的システムのシミュレーションの具体例について述べる．また，ブロック線図に基づいて視覚的にわかりやすいモデル化を行える Simulink を用いたシミュレーションについても触れる．

9.1 振動系の問題

以下では，機械システムにおいて最も基本的な系であるバネ・マス・ダンパ系のシミュレーションを行う．多くの機械システムは，バネ・マス・ダンパ系を拡張することで表現できるため，本システムの特徴について十分に理解しておくことが大切である．

［例題 9.1］ 163 頁のバネ・マス・ダンパ系の微分方程式を以下に再掲する．

$$m\ddot{x}+c\dot{x}+kx=0 \tag{9.1}$$

上式において，$m=1$[kg]，$k=1$[N/m]，$x(0)=5$[m]，$\dot{x}(0)=0$[m/s]，t の範囲 0～20[s]，刻み幅 $h=0.2$ のとき，$c<2\sqrt{mk}$，$c=2\sqrt{mk}$，$c>2\sqrt{mk}$ となる場合におけるそれぞれの応答を調べよ（なお，上式では x が t の関数であることを示す (t) を省略した）．

（解答） Excel の VBA プログラムの例を 09_1. xlsm に示す．また，プログラムの

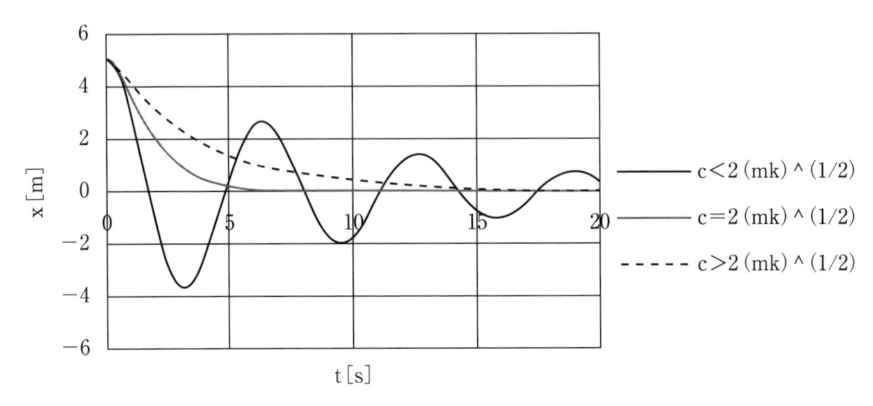

図 9.1　バネ・マス・ダンパ系の時間応答

実行結果は図 9.1 のとおりである．

$c=2\sqrt{mk}$ は，**臨界減衰係数**（critical damping coefficient）と呼ばれ，$c<2\sqrt{mk}$ となる場合は，図 9.1 からもわかるように，系は減衰振動し，$c>2\sqrt{mk}$ となる場合は振動せずに減衰する．

【例題 9.1 の VBA プログラム（e091（））】

```
'バネ・マス・ダンパ系の特殊解を求めるプログラム（ルンゲ・クッタ法）
Sub e091()

        Dim t0 As Double                  '独立変数の初期値[s]
        t0 = Cells(7, 5).Value
        Dim z0(2) As Double               '従属変数の初期値[m]
        z0(1) = Cells(7, 7).Value   '0 階微分[m]
        z0(2) = Cells(7, 6).Value   '1 階微分[m/s]
        Dim xn As Double                  '区間の終点[s]
        xn = Cells(7, 4).Value
        Dim h As Double                   '刻み幅[s]
        h = Cells(7, 3).Value
        Dim p(3) As Double                'パラメータ {m,c,k}
        p(1) = Cells(7, 1).Value    'm[kg]
        p(3) = Cells(7, 2).Value    'k[N/m]
        Dim ci As Integer
        Dim cc As Double                  '臨界減衰係数[Ns/m]
```

```
        cc = Sqr(p(1) * p(3)) * 2

        'ルンゲ・クッタ法に基づく近似解を求める
        'c < 2(mk)^(1/2)
        ci = 7
        p(2) = cc / 10   '減衰係数 c[Ns/m]
        Call runge2x(x0, z0, xn, p, h, ci)
        'c = 2(mk)^(1/2)
        ci = 8
        p(2) = cc
        Call runge2x(x0, z0, xn, p, h, ci)
        'c > 2(mk)^(1/2)
        ci = 9
        p(2) = cc * 2
        Call runge2x(x0, z0, xn, p, h, ci)

End Sub

'微分方程式の値を求める
'   x: 独立変数 , z: 従属変数 , p: パラメータ{m,c,k}, f: 各階の微分方程式の値
Sub dfunc2x(ByVal x As Double, z() As Double, p() As Double, f() As Double)

        f(1) = z(2)
        f(2) = (z(2) * p(2) + z(1) * p(3)) * (-1) / p(1)

End Sub

'ルンゲ・クッタ法に基づく近似解を求める (2 階微分方程式)
'   x0, z0: 独立変数の初期値 , 従属変数の 0,1 階微分の初期値 ,
'   xn: 求める x の区間の終点 , p: パラメータ{m,c,k}, h: 刻み幅 , ci: セル ID
Sub runge2x(ByVal x0 As Double, z0() As Double, ByVal xn As Double, p() As Double, ByVal h As Double, ByVal ci As Integer)
```

※以下のサブルーチン runge2x( )のプログラムは例題 8.6 における内容とほぼ同じであるので省略する（ソースコードの詳細は共立出版の Web ページからダウンロードして確認のこと）.

9.2　クーロン摩擦が作用する系の自由振動

式 (9.1) において減衰力 $c\dot{x}$ は速度 $\dot{x}$ に比例する線形な性質をもっている．しかし，通常の機械システムでは，減衰力は非線形であることが多い．その代表例にクーロン摩擦がある．クーロン摩擦は図 9.2，図 9.3 のように速度によらない一定の大きさで運動を妨げる方向に働く．この摩擦力の大きさを F_c とおくと，運動方程式は次式のようになる（ただし減衰力 $c\dot{x}$ は働かないものとした）．

$$m\ddot{x}+kx=\begin{cases}-F_c & (\dot{x}>0)\\ 0 & (\dot{x}=0)\\ +F_c & (\dot{x}<0)\end{cases} \tag{9.2}$$

上式は非線形な常微分方程式であるが，数値計算により簡単に応答を求めることができる．

[例題 9.2]　式 (9.2) において，$m=1$[kg]，$k=1$[N/m]，$F_c=0.3$[N] で与えられる場合の時間応答を求めるシミュレーションを C 言語プログラムにより作成せよ．

（解答）　C 言語によるプログラムの例を 09_2.c に示す．また，プログラムの実行結果は図 9.4 のとおりである．ただし，計算結果をテキスト形式（09_2result.txt）で出力したものを Excel に読み込んでグラフを描いたものである．

図 9.4 よりクーロン摩擦の作用する系では粘性減衰力が作用する系と同様に減衰振動をするが，15 秒過ぎあたりでバネの力が摩擦力より小さくなるため系が静止す

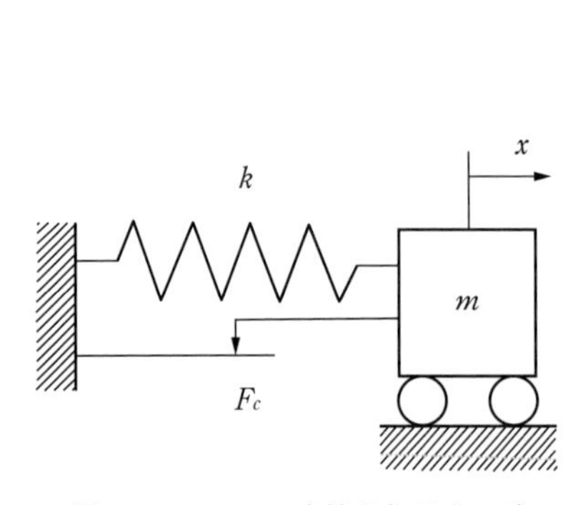

図 9.2　クーロン摩擦が作用する系

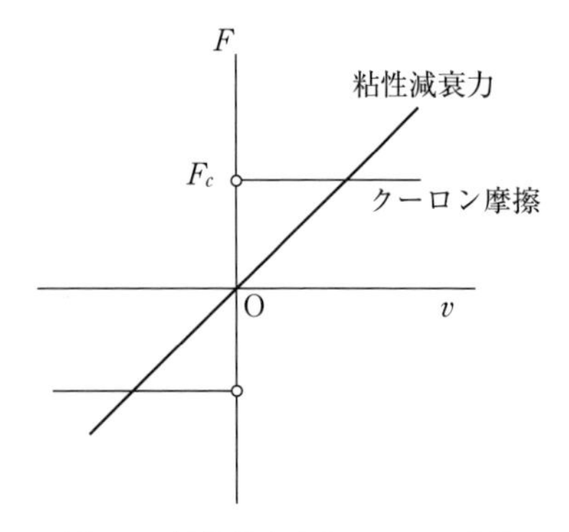

図 9.3　粘性減衰力とクーロン摩擦

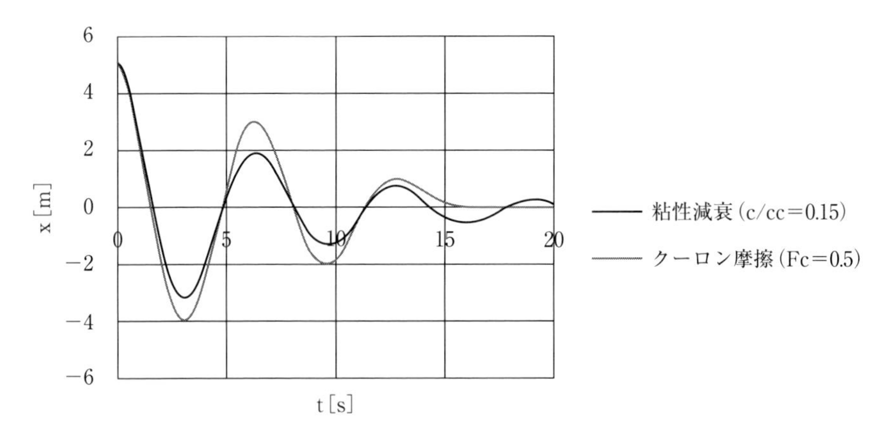

図 9.4 クーロン摩擦と粘性減衰作用時の応答比較

ることがわかる．以上のようにクーロン摩擦のような非線形を含む微分方程式であっても数値計算を使えば簡単に応答を求めることができる．

【例題 9.2 の C 言語プログラム (09_2.c)】

```
// 09_2.c - バネ・マス・ダンパ系の特殊解を求めるプログラム (粘性減衰
+クーロン摩擦)

#include <stdio.h>
#include <math.h>

#define TOL 1.0e-6 // 許容誤差

typedef void(*dfuncP)(double x, double z[2], double p[3], double f[2]);

void dfunc1(double x, double z[2], double p[3], double f[2]);
void dfunc2(double x, double z[2], double p[3], double f[2]);
void rungeP(FILE *fp, dfuncP dfp, double x0, double z0[2], double xn,
double p[3], double h);

int main()
{
	FILE *fp;		// 出力ファイルのポインタ
	double t0, z0[2];	// 独立変数の初期値[s], 従属変数の 0,1 階
微分の初期値[m],[m/s]
	double tn;		// 求める t の区間の終点[s]
	double t;
```

```
	double cc;			// 臨界減衰係数[Ns/m]
	double Fc;			// クーロン摩擦力[N]
	double p[3];			// パラメータ{m[kg],c[Ns/m],k[N/
m]} or {m,Fc,k}
	double h;			// 刻み幅[s]
	const double cr = 0.3;	// c/cc
	char zz;

	// 初期化
	t0 = 0.0;
	z0[0] = 5.0;
	z0[1] = 0.0;
	tn = 20.0;
	p[0] = 1.0;			// m
	p[2] = 1.0;			// k
	cc = 2 * sqrt(p[0] * p[2]);
	p[1] = cr * cc;			// c
	h = 0.2;

	// 出力ファイルを開く
	if ((fp = fopen("09_2_result.txt", "w")) == NULL)
	{
		printf(">> ファイル出力不可 ¥n");
		return 1;
	}

	printf("-----バネ・マス・ダンパ系の特殊解を求めるプログラム
(粘性減衰+クーロン摩擦) -----¥n");

	printf("Fc = ");
	scanf("%lf%c", &Fc, &zz);

	t = t0;
	fprintf(fp, "時刻 ¥nt=¥n%lf¥n", t);
	while (1)
	{
		t = t + h;
		fprintf(fp, "%lf¥n", t);

		if (fabs(t - tn) < TOL) break;
	}

	// ルンゲ・クッタ法に基づく近似解を求める
```

```
        // 粘性減衰
        fprintf(fp, "¥nc/cc=¥n%lf¥n", cr);
        rungeP(fp, dfunc1, t0, z0, tn, p, h);
        // クーロン摩擦
        p[1] = Fc;
        fprintf(fp, "¥nFc=¥n%lf¥n", p[1]);
        rungeP(fp, dfunc2, t0, z0, tn, p, h);

        printf("¥n 計算終了 ¥n");

        fclose(fp);
    return 0;
}

//-----------------------------------------------------------
// 【機能】 微分方程式の値を求める
// 【引数】 x: 独立変数, z: 従属変数の 0,1 階微分,
//          p: パラメータ{m,c,k}
//          f: 各階の微分方程式の値
// 【戻り値】 無し
//-----------------------------------------------------------
void dfunc1(double x, double z[2], double p[3], double f[2])
{
        f[0] = z[1];
        f[1] = (z[1] * p[1] + z[0] * p[2]) * (-1) / p[0];
}

//-----------------------------------------------------------
// 【機能】 微分方程式の値を求める
// 【引数】 x: 独立変数, z: 従属変数の 0,1 階微分,
//          p: パラメータ{m,Fc,k}
//          f: 各階の微分方程式の値
// 【戻り値】 無し
//-----------------------------------------------------------
void dfunc2(double x, double z[2], double p[3], double f[2])
{
        f[0] = z[1];

        if (z[1] > 0.0){
                f[1] = (p[1] + z[0] * p[2]) * (-1) / p[0];
        }
```

```
        else
        {
                if (z[1] == 0.0)
                        f[1] = (z[0] * p[2]) * (-1) / p[0];
                else
                        f[1] = (p[1] - z[0] * p[2]) / p[0];
        }
}


//--------------------------------------------------------------------
// 【機能】 ルンゲ・クッタ法に基づく近似解を求める
//          (バネ・マス・ダンパ系)
// 【引数】 fp: 出力ファイル, dfp: 微分方程式の関数ポインタ,
//          x0, z0: 独立変数の初期値, 従属変数の0,1階微分の初期値,
//          xn: 求めるxの区間の終点, p: パラメータ{m,Fc,k}, h: 刻み幅
// 【戻り値】 無し
//--------------------------------------------------------------------
void rungeP(FILE *fp, dfuncP dfp, double x0, double z0[2], double xn,
double p[3], double h)
{
        double x;                               // 独立変数
        double z[2];                            // 従属変数の0,1階微分
        double Z[2];
        double g1[2], g2[2], g3[2], g4[2];          // 1,2,3,4次微分項
(テイラー展開)
        int i;

        // 初期化
        x = x0;
        for(i = 0 ; i<2 ; i ++) z[i] = z0[i];

        fprintf(fp, "位置¥nx=¥n");
        fprintf(fp, "%lf¥n", z[0]);
        while (1)
        {
                // ルンゲ・クッタ法で近似解を求める

                // 1～4次微分項を求める
                dfp(x, z, p, g1);
                for (i = 0; i < 2; i ++) Z[i] = z[i] + g1[i] * h / 2;
                dfp(x + h / 2, Z, p, g2);
```

```
                    for (i = 0; i < 2; i ++) Z[i] = z[i] + g2[i] * h / 2;
                    dfp(x + h / 2, Z, p, g3);
                    for (i = 0; i < 2; i ++) Z[i] = z[i] + g3[i] * h;
                    dfp(x + h, Z, p, g4);

                    x = x + h;

                    // 近似解を求める
                    for (i = 0; i < 2; i ++) z[i] += (g1[i] + g2[i] * 2 + g3[i] * 2
  + g4[i]) * h / 6.0;
                    fprintf(fp, "%lf¥n", z[0]);

                    if (fabs(x - xn) < TOL) break;
          }
}
```

9.3 外力が作用する系のシミュレーション

以上では，外力が作用しないバネ・マス・ダンパ系の自由振動について扱ったが，次に外力が作用する場合の強制振動の応答についてシミュレーションを行ってみよう．

[例題 9.3] 図 9.5 のように式 (9.1) のバネ・マス・ダンパ系に調和外力 $u=F\cos\omega t$ が作用する場合の時間応答を求めるシミュレーションを MATLAB により作成せよ．ただし，$m=1$[kg]，$k=1$[N/m]，$c=\frac{2\sqrt{mk}}{10}=0.5$[Ns/m]，$F=2$[N]，$\omega=\sqrt{m/k}*(0.1, 0.3, 0.6, 1.0)$[rad/s] とする．

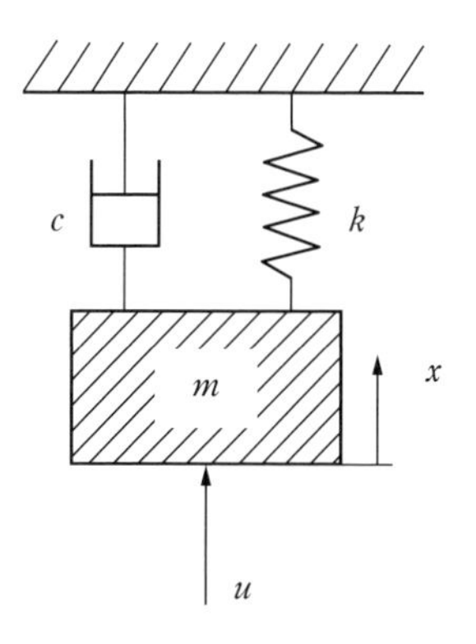

図 9.5 外力が作用するバネ・マス・ダンパ系

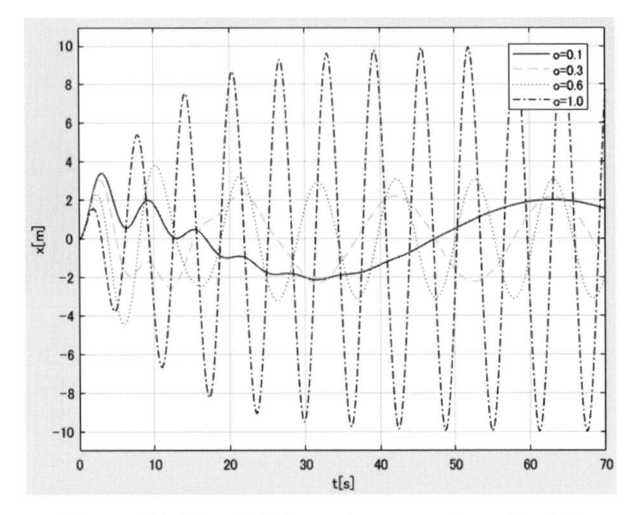

図 9.6　調和外力が作用するバネ・マス・ダンパ系の応答

(解答)　外力 u が作業する場合は，以下の 2 階常微分方程式で表現できる．

$$m\ddot{x}+c\dot{x}+kx=u \tag{9.3}$$

ここで，$x_1=x$，$x_2=\dot{x}$ と補助変数を割り当てれば，$m\dot{x}_2+cx_2+kx_1=u$ となり，以下のような連立 1 階常微分方程式となる．

$$\begin{cases}\dot{x}_1=x_2\\ \dot{x}_2=-\dfrac{k}{m}x_1-\dfrac{c}{m}x_2+\dfrac{1}{m}u\end{cases} \tag{9.4}$$

これをルンゲ・クッタ法で解く．

MATLAB によるプログラムの例を e093.m に示す．なお，本プログラムでは微分方程式を解くために MATLAB で使用できる ode45 を使用した．プログラムの実行結果を図 9.6 に示す．

上図より，約 30 秒までは過渡応答を示し，その後，調和外力の周波数と一致する振動を示すようになることがわかる．また，振幅については，調和外力の角振動数により異なり，$\omega=1.0$[rad/s]（バネ・マス・ダンパ系の固有振動数）と一致するときに振幅が大きくなることがわかる．

【例題 9.3 の MATLAB プログラム (e093.m)】

```
% バネ・マス・ダンパ系の特殊解を求めるプログラム（粘性減衰，強制振
動)
function e093
t0 = 0;                 % 独立変数の初期値[s]
z0 = zeros(2,1);        % 従属変数の初期値
z0(1,1) = 0;            % 0 階微分[m]
z0(2,1) = 0;            % 1 階微分[m/s]
tn = 70;                % 解析区間の終点[s]
p = zeros(1,3);         % パラメータ{m,c,k}
p(1,1) = 1;             % m[kg]
p(1,3) = 1;             % k[N/m]
s = ['b  '; 'g--'; 'r: '; 'k-.'];

%--------------
% 近似解を求める
%--------------
cc = sqrt(p(1,1) * p(1,3)) * 2; % 臨界減衰係数[Ns/m]
p(1,2) = cc / 10;               % 減衰係数 c[Ns/m](減衰振動系)
on = sqrt(p(1,3) / p(1,1));     % 系の固有角振動数[rad/s]

o = zeros(1,4); % 調和外力の角振動数[rad/s]
o(1,1) = on * 0.1;
o(1,2) = on * 0.3;
o(1,3) = on * 0.6;
o(1,4) = on * 1.0;

for i=1:4
        [t,z] = ode45(@dfunc, [t0 tn], z0, [], p, o(1,i));
        y = z(:,1);
        plot(t, y, s(i,:)) % 近似解のプロット
        hold on
end
axis([t0, tn, min(y)-1, max(y)+1]) % 軸の範囲の設定
legend('o=0.1', 'o=0.3', 'o=0.6', 'o=1.0');
xlabel('t[s]')
ylabel('x[m]')
grid;
end
```

```
function f = dfunc(x, z, p, o)
%      機能:
%      微分方程式の値を求める
%      x: 独立変数, z: 従属変数, p: パラメータ{m,c,k}, o: 調和外力の角振動数
%      戻り値:
%      : 各階の微分方程式の値

% 調和外力を求める
F = 2;                  % 調和外力の振幅[N]
u = F * cos(o*x);  % 調和外力

f(1,1) = z(2,1);
f(1,2) = (u - z(2,1) * p(1,2) - z(1,1) * p(1,3)) / p(1,1);

f = f';
end
```

9.4　Simulinkによるシミュレーション

これまでに述べた例題はC言語やExcelのVBA，MATLABで解くことができるが，ここではSimulinkを使って応答を求める方法について説明する．SimulinkはMathWorks社によって開発されたブロック線図を用いて動的システムのシミュレーションが行えるMATLAB上で動作するツールである．

[例題9.4]　例題9.3のシミュレーションをSimulinkにより実行せよ．

(解答)　ブロック線図で記述するに当たり，式（9.3）を以下のように最高次の微係数について式を整理する．

$$\ddot{x}=(u-kx-c\dot{x})\frac{1}{m}$$

上式をブロックの形にすると，図9.7のようになる．

また，ラプラス変換において積分を表す積分器（integrator）$\boxed{\frac{1}{s}}$を2つ直列につなげれば，図9.8のように，$\ddot{x}$から，$\dot{x}$，xをそれぞれ求めていくことができる．

図9.7と9.8を接続し，信号同士がつながるようにブロック線図全体を描けば，図9.9のようになる．

ここで，三角形で表されているGainの$\frac{1}{m}$，c，kはMATLABのコマンドプロン

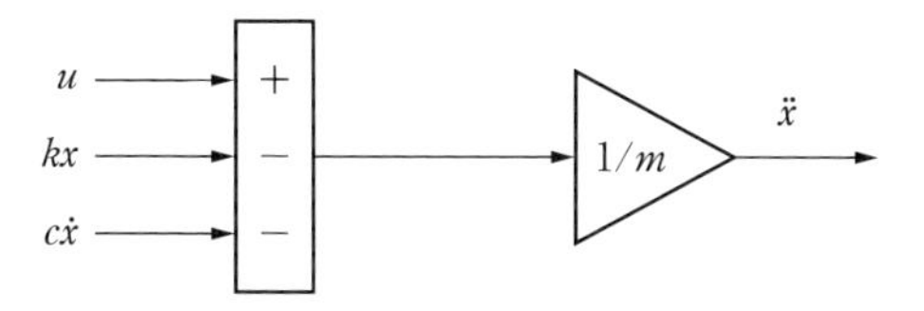

図 9.7 信号の和と積

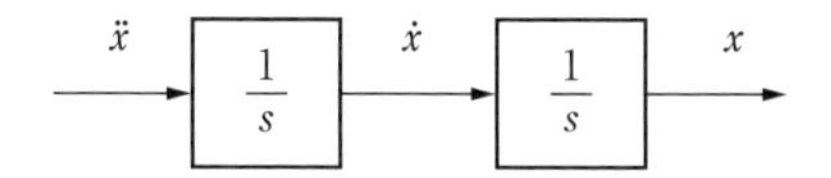

図 9.8 積分器のブロック線図

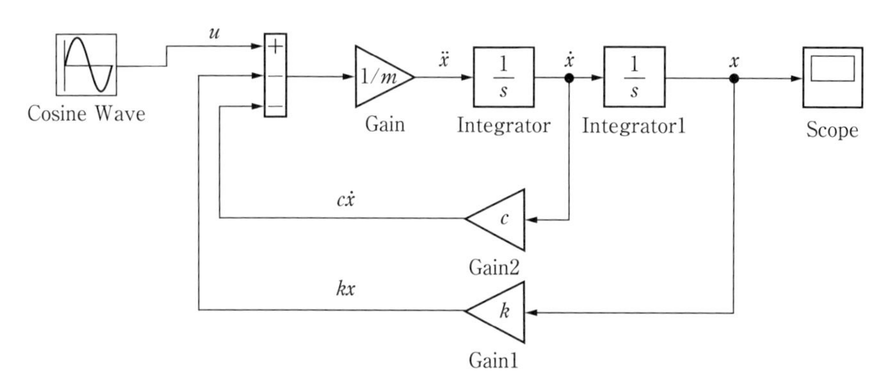

図 9.9 調和外力が作用するバネ・マス・ダンパ系のブロック線図（e094Model.slx）

プトまたはｍファイル内で指定できる（Gainに直接数値を入れることもできる）．

図 9.9 のブロック線図において，パラメータを m=1[kg]，k=1[N/m]，c=$\frac{2\sqrt{mk}}{10}$=0.5[Ns/m]と設定し，調和外力を与えたときのMATLABによるプログラムの例を e094.m に示す．また，プログラムの実行結果（バネ・マス・ダンパ系の固有振動数 o=0.6 とした場合）を図 9.10 に示す（固有振動数を変えて例題 9.3 と比較してみるよう）．

ｍファイル（e094.m）内では，図 9.9 のブロック線図内のパラメータを設定している．また，最後の sim ('e094Model')；によりブロック線図に基づくシミュレーションを実行している．

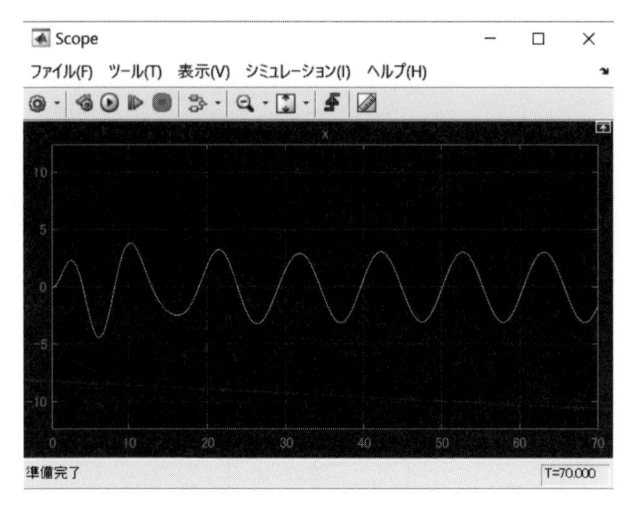

図 9.10　調和外力が作用するバネ・マス・ダンパ系の応答

【例題 9.4 の MATLAB プログラム（e094.m)】

```
% バネ・マス・ダンパ系の特殊解を求めるプログラム（粘性減衰，強制振動，Simulink）
clear;

m = 1;  % 質量[kg]
k = 1;  % ばね定数[N/m]
F = 2;  % 調和外力の振幅[N]

cc = sqrt(m*k) * 2;  % 臨界減衰係数[Ns/m]
c = cc / 10;         % 減衰係数 c[Ns/m](減衰振動系)
on = sqrt(k/m);      % 系の固有角振動数[rad/s]

o = on * 0.6;        % 調和外力の角振動数[rad/s]
tn = 70;             % 解析区間の終点[s]
x0 = 0;              % 0 階微分の初期値[m]
dx0 = 0;             % 1 階微分の初期値[m/s]

% シミュレーションの実行
sim('e094Model');
```

※出力波形が滑らかでない場合は許容誤差を小さくしてみるとよい．ブロック線図メニューの，「シミュレーション→モデルコンフィギュレーション→追加オプション」で刻み幅や許容誤差を設定できる．

MATLAB/Simulink における常微分方程式の解法

C 言語や MATLAB でシミュレーションを行う場合，まずシステムの微分方程式を立式し，連立 1 階常微分方程式に変形し，ルンゲ・クッタ法などで解く．一方，Simulink では微分方程式に基づきブロック線図を描き，シミュレーションを実行する．ブロック線図を用いることで，視覚的にわかりやすくシステムのモデル作成や修正ができるという特長がある．MATLAB でも Simulink でも常微分方程式の解法としていくつかの手法を選ぶことができるが，ode45 が最もよく使われる．ode45 では，4 次と 5 次（第 8 章コラム 150 頁参照）を組み合わせた可変ステップ（第 8 章コラム 163 頁参照）のルンゲ・クッタ法が使われている．

9.5 PID 制御のシミュレーション

PID 制御（Proportional-Integral-Differential Controller）は，図 9.11 のように目標値の偏差 e に対して，比例（P）制御，積分（I）制御，微分（D）制御を組み合わせて制御対象への操作量 u を与えるフィードバック制御である．

比例制御は操作量 u を偏差 e の 1 次関数として制御するもので，比例制御のゲイン Kp を大きくするほど目標値との偏差が小さくなるが，外乱により定常偏差（定常状態での目標値 r との偏差 e）が生じる場合がある．そのような

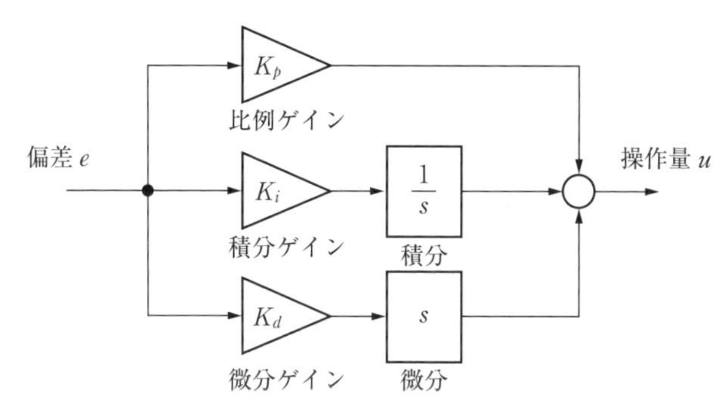

図 9.11　PID 制御器

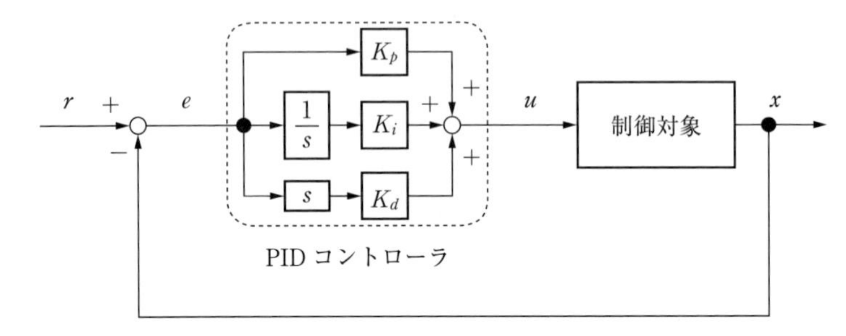

図 9.12　PID 制御器

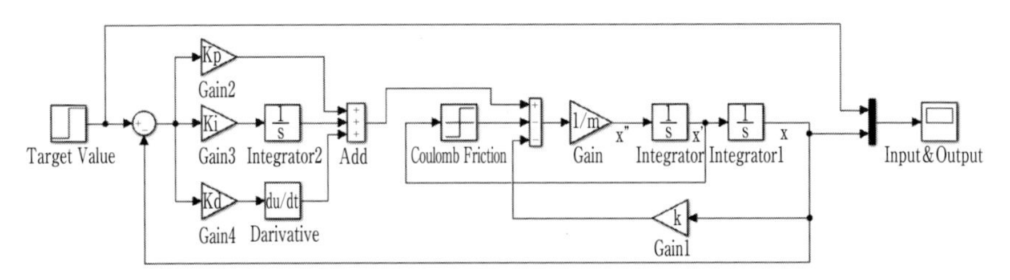

図 9.13　PID 制御系のブロック線図（e095Model.slx）

場合は積分制御を併用した PI 制御を用いることで（偏差 e を積分することで操作量 u を増大させて）定常偏差を小さくすることができる．しかし PI 制御で応答を良くするためにゲインを上げていくと制御系が不安定になり，振動が生じる場合がある．そこで，微分制御も加えた PID 制御により安定化させることができる．微分制御は偏差 e の変化量を制御量に加算することで振動を減衰させる効果をもたらす．

［例題 9.5］　例題 9.2 のクーロン摩擦の作用する場合を制御対象（m=1[kg]，k=1[N/m]，Fc=0.2[N]）として図 9.12 のような PID 制御によりフィードバックを行った場合のシミュレーションを Simulink で作成・実行せよ．ただし，x の初期位置：x0=0 [m]，目標位置：xt=1[m]とし，まず① P 制御により比例ゲインを調整し，次に② PI 制御により I ゲインを調整し，最後に③ PID 制御により D ゲインを調整することで適切な応答となるようにせよ．

（解答）　Simulink のブロック線図（e095Model.slx）を図 9.13 に，MATLAB に

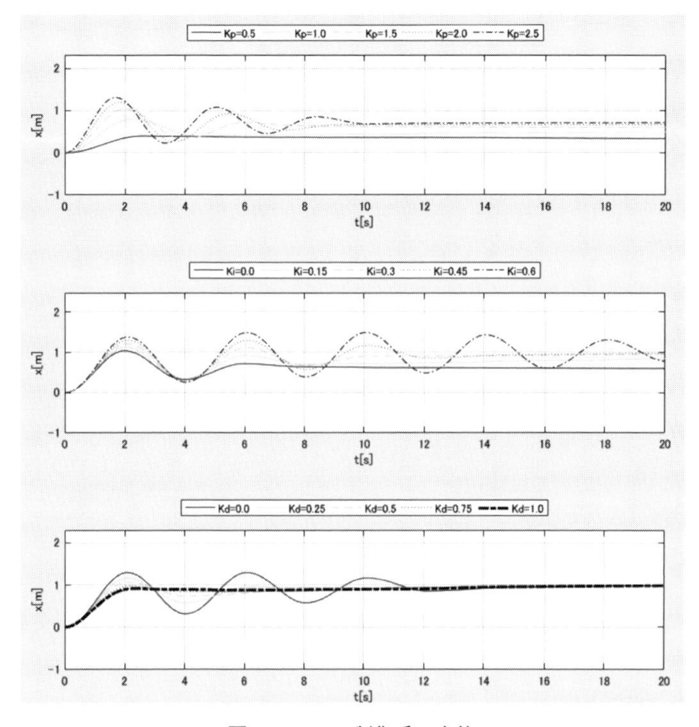

図 9.14 PID 制御系の応答

よるプログラムの例を e095.m に示す．また，プログラムの実行結果を図 9.14 に示す．

図 9.14 の上段は積分，微分ゲイン Ki,Kd を 0 として，比例ゲイン Kp を 0.5 1.0 1.5 2.0 2.5 と変化させたときの結果である．P 制御により比例ゲイン Kp を大きくしていくと 10 秒以降の目標値との定常偏差（クーロン摩擦により生じる）は小さくなるが，振動的となる．

中段は，比例ゲイン Kp=1.5，微分ゲイン Kd=0 として，積分ゲイン Ki を 0.0 0.15 0.3 0.45 0.6 と大きくしていった場合の結果である．積分ゲインが大きくなるほど，積分制御により定常偏差が小さくなることがわかる．しかし積分ゲインが大きすぎるとやはり振動的となり不安定になる．

下段は，比例ゲイン Kp=1.5，積分ゲインを Ki=0.45 として，微分ゲイン Kd を 0.0 0.25 0.5 0.75 1.0 と大きくしていった場合の結果である．微分ゲインを大きくしていくと，振動が収まり，安定かつ定常偏差が最終的に0になる制御が可能となる．最終的にKp=1.5，Ki=0.45，Kd=1.0とすれば最も良い応答が得られる．

【例題9.5のMATLABプログラム（e095.m)】

```
% バネ・マス・ダンパ系の特殊解を求めるプログラム（クーロン摩擦,
Simulink)
clear;

m = 1;        % 質量[kg]
k = 1;        % ばね定数[N/m]
Fc = 0.2;  % クーロン摩擦[N]（Offset)
tn = 20;     % 解析区間の終点[s]
x0 = 0;       % 0階微分の初期値[m]
xt = 1;       % 制御の目標値[m]
s = ['b- '; 'c- '; 'g--'; 'r: '; 'k-.'];

%-------------------------
% シミュレーション結果の表示
%-------------------------
% 画面解像度を取得する
SSize = get(0,'ScreenSize');

% Figure ウィンドウを作成する
figure('Position', [SSize(3)*0.25, SSize(4)*0.25, SSize(3)*0.5, SSize(4)
*0.5]);

% Kp による違い
Kp = [0.5 1.0 1.5 2.0 2.5]; % 比例ゲイン
Ki = 0;                           % 積分ゲイン
Kd = 0;                           % 微分ゲイン
% シミュレーションの実行
sim('e095Model');
subplot(3,1,1)
for i=1:length(Kp)
        plot(t, y(:,2 + i), s(i,:))
        if i==length(Kp)
                axis([0, tn, min(y(:,2 + i))-1, max(y(:,2 + i))+ 1])
        end
        hold on
end
```

```
legend('Kp=0.5', 'Kp=1.0', 'Kp=1.5', 'Kp=2.0', 'Kp=2.5', 'Location','north-
outside','Orientation','horizontal')
xlabel('t[s]')
ylabel('x[m]')
grid;

% Ki による違い
clear Kp Ki
Kp = 1.5;
Ki = [0.0 0.15 0.3 0.45 0.6];
% シミュレーションの実行
sim('e095Model');
subplot(3,1,2)
for i=1:length(Ki)
        plot(t, y(:,2 + i), s(i,:))
        if i==length(Ki)
                axis([0, tn, min(y(:,2 + i))-1, max(y(:,2 + i))+ 1])
        end
        hold on
end
legend('Ki=0.0', 'Ki=0.15', 'Ki=0.3', 'Ki=0.45', 'Ki=0.6', 'Location','northout-
side','Orientation','horizontal')
xlabel('t[s]')
ylabel('x[m]')
grid;

% Kd による違い
clear Ki Kd
Ki = 0.45;
Kd = [0.0 0.25 0.5 0.75 1.0];
% シミュレーションの実行
sim('e095Model');
subplot(3,1,3)
for i=1:length(Kd)
        p = plot(t, y(:,2 + i), s(i,:))
        if i==1
                axis([0, tn, min(y(:,2 + i))-1, max(y(:,2 + i))+ 1])
        end
        if i==length(Kd)
                p.LineWidth = 2;
        end
```

```
        hold on
end
legend('Kd=0.0', 'Kd=0.25', 'Kd=0.5', 'Kd=0.75', 'Kd=1.0', 'Location','north-
outside','Orientation','horizontal')
xlabel('t[s]')
ylabel('x[m]')
grid;
```

■ 現代制御と非線形システム

制御理論には大きく分けると古典制御（classical control theory）と現代制御（modern control theory）がある．先に述べたPID制御は古典制御に分類される．現代制御では線形常微分方程式で表現された制御対象に対して，最適なコントローラを設計できる．しかし，現代制御に基づく制御系設計法は，あくまで線形化されたシステムの数学モデルに対しての設計法である．現実のシステムは多くの非線形要素を含んでいる．したがって，理想的な数学モデルに対して設計したコントローラを実際のシステムに適用しても必ずしも上手く制御できる保証はない．このため，制御系設計に際しては，あらかじめ非線形を含む現実のシステムに近い動特性シミュレーションを作成しておき，線形化モデルに基づいて設計したコントローラの有用性を検証しておくことが重要となる．

〈演習問題〉

9.1　例題9.1のバネ・マス・ダンパ系のExcel・VBAプログラムに相当するプログラムをC言語およびMATLABで作成せよ．また，m，kや初期条件などのパラメータを変化させて，その応答を調べよ．

9.2　例題9.2のC言語プログラムに相当するプログラムをExcel・VBAおよびMATLABで作成せよ．また，各種パラメータを変化させて，その応答を調べよ．

9.3　例題9.3のMATLABプログラムに相当するプログラムをC言語およびExcel・VBAで作成せよ．また，各種パラメータを変化させて，その応答を調べよ．

9.4　図9.15に示すRLC回路のモデルを作成し，入力電圧e_iとが調和入力$e_i=F\cos\omega t$がで与えられるときの出力電圧e_oの波形をSimulinkを用いてシミュ

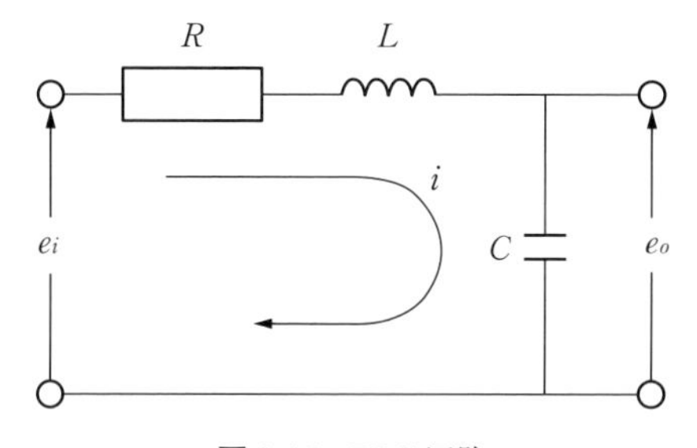

図 9.15　RLC 回路

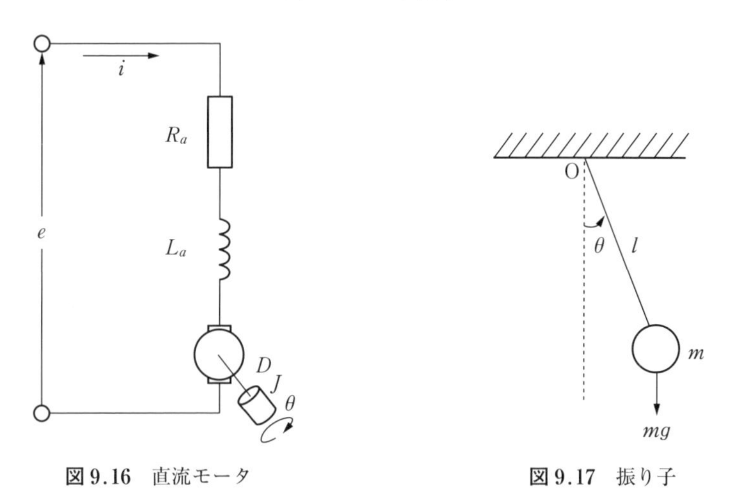

図 9.16　直流モータ　　図 9.17　振り子

レーションせよ．ただし，$R=5.0[\Omega]$, $L=1.5$ [H], $C=0.01$[F], $F=2$[V], $\omega=\dfrac{2}{\sqrt{LC}}$, $e_o=0$[V]とする．

9.5 図 9.16 に示す直流モータのモデルを作成し，入力を $e=1,3,5$[V] としたときのモータ角速度のステップ応答を Simulink を用いて求めよ．ただし，抵抗 $R_a=1.0[\Omega]$，インダクタンス $L_a=0.002$[H]，逆起電力定数 $K_e=0.08$[Vs/rad]，トルク定数 $K_t=0.08$[Nm/A]，電機子の慣性モーメント $J=0.0005[\mathrm{kgm}^2]$，電機子の粘性抵抗係数 $D=0.000005$[Nms/rad]，T：モータのトルク，J，D：慣性モーメントおよび粘性摩擦係数，θ：回転角とする．

9.6 図 9.17 に示す質量 m，ロープ長 l，振れ角 θ の振り子の振動について非線形を考慮した場合および線形化した場合における時間応答のシミュレーションを Simulink により作成し，比較せよ．ただし，$l=1$ [m], $g=9.8\ [\mathrm{m/s^2}]$とする．

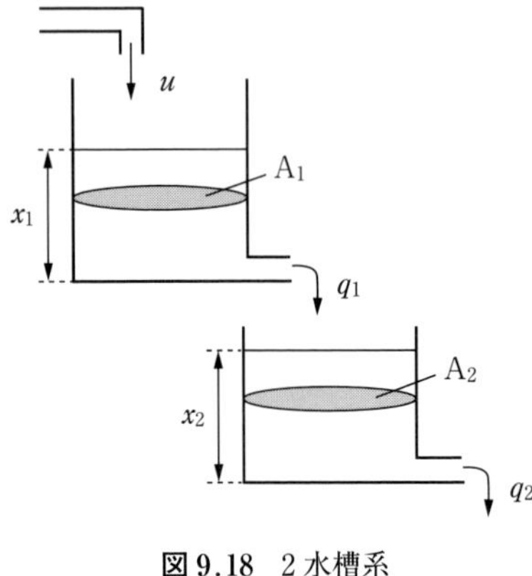

図9.18 2水槽系

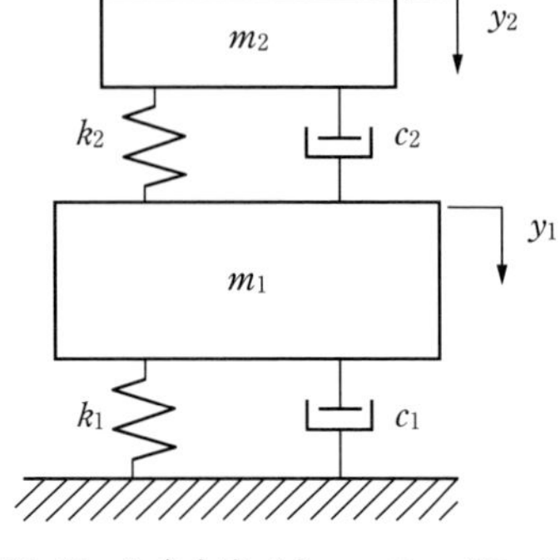

図9.19 2自由度バネ・マス・ダンパ系

9.7 図9.18に示す2つの水槽において，単位時間当たりの流入量をu，単位時間当たりの流出量をq_1，q_2，水位をx_1，x_2，水槽の断面積をA_1，A_2，水位と流出量との関係式が$q_1=r_1\sqrt{x_1}$，$q_2=r_2\sqrt{x_2}$の非線形方程式（ただし，r_1，r_2は定数）で与えられるとき，入力u，出力をx_1，x_2とする線形化されたシステムの双方についてSimulinkによりシミュレーションを行い，結果を比較せよ．ただし，$A_1=4[\mathrm{m}^2]$，$A_2=4[\mathrm{m}^2]$，$r_1=1$，$r_2=1$，$u=1[\mathrm{m}^3/\mathrm{s}]$，$x_{10}=1[\mathrm{m}]$，$x_{10}=3[\mathrm{m}]$とする．

9.8 図9.19の2自由度振動系において，$m_1=1[\mathrm{kg}]$，$m_2=2[\mathrm{kg}]$，$k_1=1.0\times10^4[\mathrm{N/m}]$，$k_2=1.0\times10^5[\mathrm{N/m}]$，$c_1=40[\mathrm{Ns/m}]$，$c_2=10[\mathrm{Ns/m}]$，初期値を$x_1=-2[\mathrm{m}]$，$x_2=1[\mathrm{m}]$，$x_1'=x_2'=0[\mathrm{m/s}]$としたときの応答をSimulinkにより求めよ．

9.9 問題9.5のDCモータ系のパラメータをRa=3.0，La=0.8，Ke=0.02，Kt=0.2，J=0.0002，D=0.0001，初期角度：θo=0，目標角度：θt=$2\pi/3$，初期ゲイン：Kp=0.1，Ki=0，Kd=0とし，モータの角速度をPID制御により安定化させるシミュレーションをSimulinkにより作成せよ．

演習問題略解

〈第 1 章〉

1.1　1.1 節参照

1.2　1.2 節参照

1.3　1.3 節参照

1.4　1.4 節参照

1.5　1.5 節参照

1.6　1.6 節参照

〈第 2 章〉

2.1　省略

2.2　MATLAB による実行結果の例：

```
>> e021
y =
     1.0000e + 05

err =
     1.3329e-06
```

2.3　実行結果の例：

```
-----丸め誤差-----
0.1 の浮動小数表示(単精度，少数以下 9 桁) = 0.100000001
0.1 の浮動小数表示(倍精度，少数以下 17 桁) = 0.10000000000000001
真値：100000
計算結果：(単精度) 100958.343750，(倍精度) 100000.000001
誤差：(単精度) 958.343750，(倍精度) 0.000001
```

上記の結果より，倍精度演算にすることで，誤差の発生を大幅に減らすことができることがわかる．

2.4 Excel(VBA 使用)の実行例：

	A	B	C	D	E
1	真値		項数：5		項数：2
2	0.5		0.500001		0.45169

上記の結果より，例題 2.4 と同様に計算を打ち切る項数が少なくなるほど打切り誤差が大きくなることがわかる.

2.5 解の公式 $x=\dfrac{-b\pm\sqrt{b^2-4ac}}{2a}$ における桁落ちを防ぐには，2 つの解をそれぞれ x_1, x_2 とすると，$x_1x_2=c/a$ (2 次方程式の解と係数の関係)を利用する．たとえば，x_2に桁落ちが起きる場合は，まずx_1を解の公式で求め，$x_2=c/(ax_1)$ とすればよい．このように桁落ち誤差の発生を回避するプログラムを作成した場合の実行結果例を以下に示す.

```
-----桁落ち誤差-----
真値：1.0, -1000000.0
計算結果：1.000000, -1000000.000000
```

上記の結果より，桁落ち誤差がなくなっていることがわかる.

2.6 MATLAB による実行結果の例：

```
>> e025.m
T1 =
     1
x1 =
   0.9835
err1 =
     -0.0165
x1 =
     1
err1 =
     0
T2 =
   -1000000
x2 =
   -1000000
err2 =
     0
```

Excel(VBA 使用)の実行例：

	A	B	C	D	E
1	a=	b=	c=		
2	1E−06	0.999998987	−1		
3					
4	T1=	×1=	×1−T1=	×1′=	×1′−T1=
5	1	0.983476639	−0.016523361	1	−0.016523361
6					
7	T2=	×2=	×2−T2=		
8	−1000000	−1000000	0		

〈第 3 章〉

3.1 省略

3.2 省略

3.3 省略

3.4 0.832406，収束回数：[0,1] 10 回，[0,2] 39 回

3.5 (1) 0.33767，1.30749 の何れか，(2) -0.79659，1.42707 の何れか，(3) 0.56714，(4) 1.38512

3.6 0.89456

〈第 4 章〉

4.1 略

4.2 略

4.3 Excel の実行例

	A	B	C	D	E	F
1		A=				b=
2	初期値	2	2	−4		−5
3		6	1	1		2
4		3	4	0		−4
5						
6	【1列目】					
7	ピボット選択後	6	1	1		2
8		2	2	−4		−5
9		3	4	0		−4
10						
11	ピボット行除算後	1	0.166667	0.166667		0.333333
12		2	2	−4		−5
13		3	4	0		−4
14						
15	掃き出し後	1	0.166667	0.166667		0.333333
16		0	1.666667	−4.33333		−5.66667
17		0	3.5	−0.5		−5
18						
19	【2列目】					
20	ピボット選択後	1	0.166667	0.166667		0.333333
21		0	3.5	−0.5		−5
22		0	1.666667	−4.33333		−5.66667
23						
24	ピボット行除算後	1	0.166667	0.166667		0.333333
25		0	1	−0.14286		−1.42857
26		0	1.666667	−4.33333		−5.66667
27						
28	掃き出し後	1	0	0.190476		0.571429
29		0	1	−0.14286		−1.42857
30		0	0	−4.09524		−3.28571
31						
32	【3列目】					
33	ピボット行除算後	1	0	0.190476		0.571429
34		0	1	−0.14286		−1.42857
35		0	0	1		0.802326
36						
37	掃き出し後	1	0	0		0.418605
38		0	1	0		−1.31395
39		0	0	1		0.802326

4.4 Excel の実行例

E3 =A3/I2

	A	B	C	D	E	F	G	H	I	J	K
1	A=				L=				U=		
2	2	4	−10		1	0	0		2	4	−10
3	1	6	7		0.5	1	0		0	4	12
4	3	5	−13		1.5	−0.25	1		0	0	5

4.5 略

4.6 $x=-0.652568, y=-0.543807, z=0.441088, w=1.256798$

〈第 5 章〉

5.1 略

5.2

$$\boldsymbol{A}+\boldsymbol{B}=\begin{bmatrix} 9 & 9 & 9 & 9 \\ 9 & 9 & 9 & 9 \\ 9 & 9 & 9 & 9 \\ 9 & 9 & 9 & 9 \end{bmatrix}$$

5.3

$$\boldsymbol{A}\times\boldsymbol{B}=\begin{bmatrix} 11 & 25 & -6 \\ 5 & 1 & -18 \\ -4 & 6 & 13 \end{bmatrix}$$

5.4

$$\begin{bmatrix} 2 & 6 & 3 \\ 0 & 2 & 6 \\ 0 & 0 & 2 \end{bmatrix}$$

5.5 略

5.6

$$\boldsymbol{A}^{-1}=\begin{bmatrix} 2.5 & -1 & -0.5 & 0 \\ -1 & 1.5 & 0 & -0.5 \\ -0.5 & 0 & 0.5 & 0 \\ 0 & -0.5 & 0 & 0.5 \end{bmatrix}$$

5.7 略

5.8 略

なお，MATLAB の標準関数を用いる場合は，以下のとおりとなる．

```
A = [3 1 1 ; 1 2 0 ; 1 0 2]  % 行列
e = eig(A)    % 固有値を求める
```

〈第 6 章〉

6.1〜6.4 略

6.5 $x=1.349520$

6.6 $f(x)=0.283390x^2-2.831818x+7.984493$

〈第 7 章〉

7.1〜7.6 略

7.7 数値解：(1) 0.987116，(2) 0.999486，　誤差：(1) 0.012884，(2) 0.000514（解析解：1）

7.8 数値解：0.804513，　誤差：0.000206（解析解：0.804719）

7.9 12954.663372

7.10 数値解：1.7182818422，誤差：0.0000000137（解析解：1.7182818285）

〈第 8 章〉

8.1〜8.7 略

8.8 $y=-3.44$

8.9 計算結果のグラフ

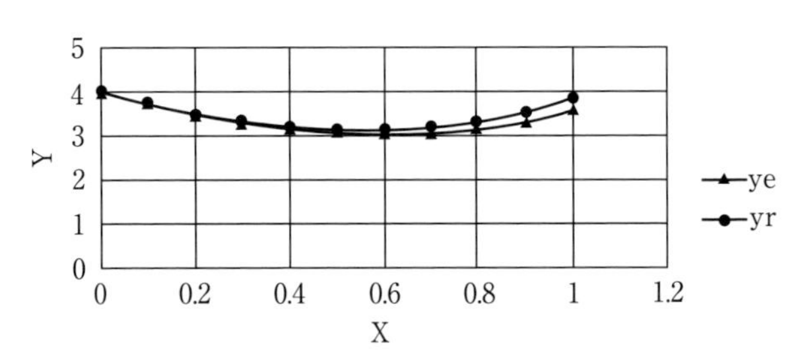

8.10 計算結果のグラフ

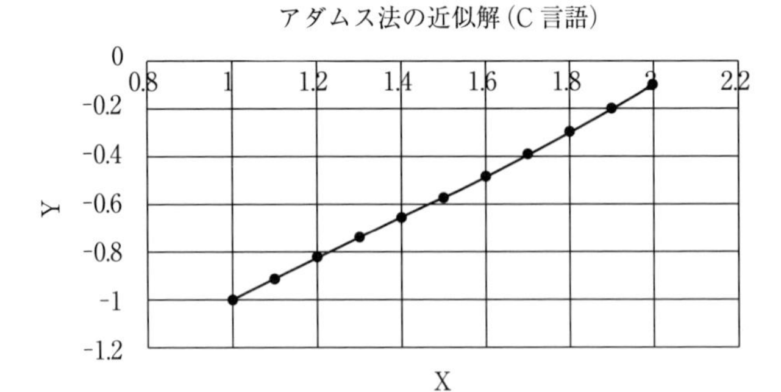

8.11 計算結果のグラフ

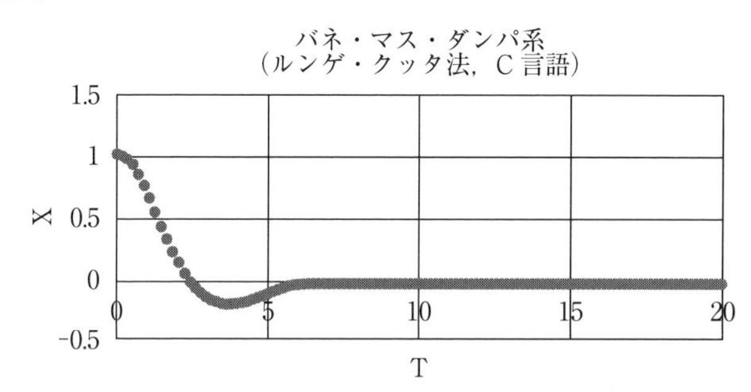

8.12 計算結果のグラフ

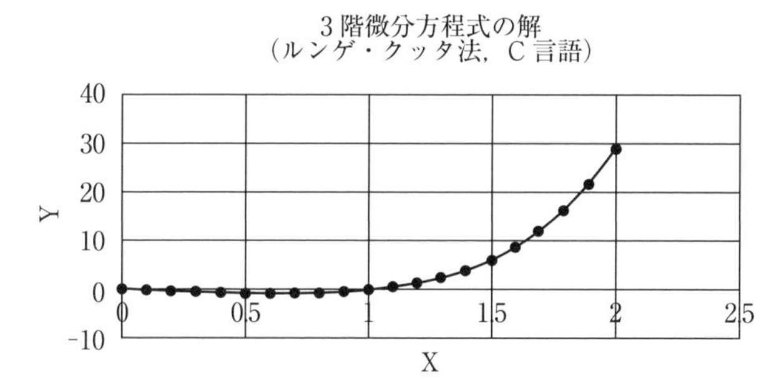

〈第 9 章〉

9.1〜9.3 略

9.4 （ヒント）

〈モデル化〉

回路を流れる電流を i とすれば，入力電圧 e_i との関係は以下のようになる．

$$e_i = Ri + L\frac{di}{dt} + \frac{1}{C}\int idt$$

また，出力電圧 e_o は

$$e_o = \frac{1}{C}\int idt$$

となる．上式を微分すれば

$$C\frac{de_o}{dt} = i$$

となる．上式をもう一度微分すれば

$$C\frac{d^2e_o}{dt^2}=\frac{di}{dt}$$

以上により

$$e_i=RC\frac{de_o}{dt}+LC\frac{d^2e_o}{dt^2}+e_o$$

よって

$$LC\frac{d^2e_o}{dt^2}+RC\frac{de_o}{dt}+e_o=e_i$$

ここで$x_1=e_o$，$x_2=\dot{e}_o$，$u=e_i$とおけば，$LC\dot{x}_2+RCx_2+x_1=u$となるから

$$\begin{cases}\dot{x}_1=x_2\\ \dot{x}_2=-\dfrac{1}{LC}x_1-\dfrac{R}{L}x_2+\dfrac{1}{LC}u\end{cases}$$

9.5 （ヒント）

〈モデル化〉

電機子回路の起電力のつり合い

$$e=L_a\dot{i}+R_ai+K_e\dot{\theta}$$

発生トルクと消費トルクのつり合い

$$K_ti=J\ddot{\theta}+D\dot{\theta}$$

9.6 （ヒント）

〈モデル化〉

O 点まわりの振り子の慣性モーメントは ml^2，重力 mg による O 点まわりの時計方向のトルクは $lmg\sin\theta$ となるため，回転運動を表す運動方程式は

$$ml^2\ddot{\theta}=-lmg\sin\theta$$

となる．したがって

$$\ddot{\theta}=-\frac{g}{l}\sin\theta$$

となる．ここで，$x_1=\theta$，$x_2=\dot{x}_1$ とおくと

$$\dot{x}_2=-\frac{g}{l}\sin x_1$$

〈線形化〉

上式はサイン関数を含む非線形微分方程式である．ここで，原点 $x_1=0$ 周りで上式をテイラー展開（つまりマクローリン展開）すると

$$\dot{x}_2=-\frac{g}{l}\sin(0)-\frac{g}{l}\frac{\sin'(0)}{1!}x_1-\frac{g}{l}\frac{\sin''(0)}{2!}x_1^2-\frac{g}{l}\frac{\sin'''(0)}{3!}x_1^3+\cdots$$

となる．上式を x_1 についての高次項を無視し，1 次で打ち切れば

$$\dot{x}_2=-\frac{g}{l}x_1$$

と線形化できる.

9.7 (ヒント)

〈モデル化〉

水位と水槽への流入出の関係より

$$\begin{cases} A_1\dfrac{dx_1}{dt}=u-q_1 \\ A_2\dfrac{dx_2}{dt}=q_1-q_2 \end{cases}$$

上式に, $q_1=r_1\sqrt{x_1}$, $q_2=r_2\sqrt{x_2}$ を代入して整理すれば, 以下のように書ける.

$$\begin{cases} \begin{bmatrix}\dot{x}_1 \\ \dot{x}_2\end{bmatrix}=\begin{bmatrix}\dfrac{u-r_1\sqrt{x_1}}{A_1} \\ \dfrac{r_1\sqrt{x_1}-r_2\sqrt{x_2}}{A_2}\end{bmatrix} \\ \begin{bmatrix}y_1 \\ y_2\end{bmatrix}=\begin{bmatrix}x_1 \\ x_2\end{bmatrix} \end{cases}$$

上式より, 平衡状態をx_{10}, x_{20}として

$$\boldsymbol{A}=\left.\frac{\partial \boldsymbol{f}(\boldsymbol{x},u)}{\partial \boldsymbol{x}}\right|_{\substack{\boldsymbol{x}=x_{10},x_{20} \\ u=u_0}}=\begin{bmatrix}-\dfrac{r_1}{2A_1\sqrt{x_{10}}} & 0 \\ \dfrac{r_1}{2A_2\sqrt{x_{10}}} & -\dfrac{r_2}{2A_2\sqrt{x_{20}}}\end{bmatrix},$$

$$\boldsymbol{B}=\left.\frac{\partial \boldsymbol{f}(\boldsymbol{x},u)}{\partial u}\right|_{\substack{\boldsymbol{x}=x_{10},x_{20} \\ u=u_0}}=\begin{bmatrix}\dfrac{1}{A_1} \\ 0\end{bmatrix},$$

$$\boldsymbol{C}=\left.\frac{\partial h(\boldsymbol{x})}{\partial \boldsymbol{x}}\right|_{\boldsymbol{x}=x_{10},x_{20}}=\begin{bmatrix}1 & 0 \\ 0 & 1\end{bmatrix}$$

となる. よって

$$\begin{cases} \begin{bmatrix}\dot{x}_1 \\ \dot{x}_2\end{bmatrix}=\begin{bmatrix}-\dfrac{r_1}{2A_1\sqrt{x_{10}}} & 0 \\ \dfrac{r_1}{2A_2\sqrt{x_{10}}} & -\dfrac{r_2}{2A_2\sqrt{x_{20}}}\end{bmatrix}\begin{bmatrix}x_1 \\ x_2\end{bmatrix}+\begin{bmatrix}\dfrac{1}{A_1} \\ 0\end{bmatrix}u \\ \begin{bmatrix}y_1 \\ y_2\end{bmatrix}=\begin{bmatrix}1 & 0 \\ 0 & 1\end{bmatrix}\begin{bmatrix}x_1 \\ x_2\end{bmatrix} \end{cases}$$

ただし, $\varDelta\boldsymbol{x}=\begin{bmatrix}\varDelta x_1 \\ \varDelta x_2\end{bmatrix}$, $\varDelta y$ をそれぞれ $\boldsymbol{x}=\begin{bmatrix}x_1 \\ x_2\end{bmatrix}$, y と置き直した.

9.8 (ヒント)運動方程式

$$m_1\ddot{x}_1 = -c_1\dot{x}_1 - k_1x_1 - c_2(\dot{x}_1 - \dot{x}_2) - k_2(x_1 - x_2)$$
$$m_2\ddot{x}_2 = c_2(\dot{x}_1 - \dot{x}_2) + k_2(x_1 - x_2)$$

9.9 略

参考文献

1）堀之内總一，酒井幸吉，榎園　茂：C による数値計算法入門，森北出版（2015）

2）安田仁彦：振動工学 基礎編，コロナ社（2012）

3）川田昌克：Scilab で学ぶわかりやすい数値計算法，森北出版（2008）

4）小澤一文：C で学ぶ数値計算アルゴリズム，共立出版（2008）

5）相良　紘：技術者のための数値計算入門，日刊工業新聞社（2007）

6）河村哲也：数値シミュレーション入門，サイエンス社（2006）

7）桜井鉄也：MATLAB/Scilab で理解する数値計算，東京大学出版会（2003）

8）成田清正，野沢宗平：基本演習 線形代数，牧野書店（2002）

9）趙　華安：Excel による数値計算法，共立出版（2000）

10）峯村吉泰：C と Java で学ぶ数値シミュレーション入門，森北出版（1999）

11）星　守，小野令美，吉田利信：入門数値計算，オーム社（1999）

12）有澤　誠，斉藤鉄也：モデルシミュレーション技法，共立出版（1997）

13）中西俊男：シミュレーション，コロナ社（1994）

14）川﨑晴久：C & FORTRAN による数値解析の基礎，共立出版（1993）

15）大成幹彦：シミュレーション工学，オーム社（1993）

16）戸川隼人：数値計算，岩波書店（1991）

索　　引

Memorandum

Memorandum

〈著者紹介〉

山田　宏尚（やまだ　ひろなお）

1991　年　名古屋大学大学院工学研究科博士後期課程修了
専門分野　機械システム工学，メカトロニクス
主　　著　「現代制御」（共著）共立出版，「計算機システム基礎」（共著）共立出版，
　　　　　「画像処理工学」（共著）コロナ社，「デジタル画像処理」技術評論社，
　　　　　「コンピュータのしくみ」ナツメ社，「CPUの働きと高速化のしくみ」ナツメ社，「コンピュータグラフィックス」ナツメ社
　　　　　名古屋大学工学部助手，講師を経て
現　　在　岐阜大学工学部教授・工学博士

大坪　克俊（おおつぼ　かつとし）

2005　年　富山県立大学大学院工学研究科博士後期課程修了
専門分野　設計工学，形状モデリング
　　　　　岐阜大学工学部助教を経て
現　　在　金城学院大学生活環境学部准教授・博士（工学）

シリーズ 知能機械工学 ⑧
シミュレーションと数値計算の基礎

2018年9月25日　初版1刷発行

検印廃止

著　者　山田　宏尚　© 2018
　　　　大坪　克俊

発行者　南條　光章

発行所　**共立出版株式会社**

〒112-0006　東京都文京区小日向4丁目6番19号
電話　03-3947-2511
振替　00110-2-57035
URL　http://www.kyoritsu-pub.co.jp/

印刷：真興社　製本：協栄製本
NDC 007.64, 548 / Printed in Japan

ISBN 978-4-320-08226-7